土壌の誘電特性

計測原理と応用

マックス・A. ヒルホースト［著］

九州大学生物環境調節センター［監修］
筑紫二郎［訳］

九州大学出版会

Dielectric Characterisation of Soil
by Max A. Hilhorst
Copyright © 1998 Max A. Hilhorst

Japanese translation rights arranged with Max A. Hilhorst
through Japan UNI Agency, Inc., Tokyo

Japanese edition copyright © 2010 by Kyushu University Press

序　文

　水は土壌科学や植物栽培学のほとんどあらゆる面で重要な役目を果たしている．水によって土壌は特定の電気特性（誘電率）を持つことになる．これによって，土壌水分量は電気的に計測することが可能になる．土中の水分以外に，誘電特性は，例えば粘土含量，施肥量，あるいは土粒子上の結合水の量によっても影響を受ける．したがって，これらの土壌パラメータも電気的に決定できる．本学位論文では，誘電法による土壌特性の決定の可能性について述べることにする．

　本学位論文の作成に当たっては，直接的あるいは間接的に多くの方々からご協力頂いたが，まず 1982 年に亡くなられた Piet Ploegaert 氏に感謝したい．彼は，当時，農業物理部 (TFDL) の技師で，誘電式水分センサーの分野で先端的研究を行っていた．1983 年以降，私もその研究に従事してきた．

　誘電率の測定原理は 80 年前に分かっていたが，Piet Ploegaert 氏と私はそれを土壌水分の決定に応用するため，満足いく仕事を綿密に行ってきた．しかし，このセンサーの生産と管理は集約的であり，期間限定的であった．我々の目的は，すべてのセンサーに一つのチップを付けることによってこの問題が解決できることを明らかにすることであった．そのチップは小さなものであり，実質的に電気回路にシステムを組み込み，大量生産が可能で，生産コストを最低に抑えたものであった．

　France Kampers 氏の助けを借りて，農学研究部 (DLO) と TFDL から得た手法でチップを開発することにした．チップの開発を下請けに出すことが我々の望みであったが，これにはリスクが内在しているため高くつくことが分かった．集積回路のデザインに関する専門家との間で行った議論は有益であり，回路の製作に大きな影響を与えた．我々は，Ernst Nordholt 氏 (CATENA マイクロエレクトロニクス，デルフト) と Will Barnes 氏 (LSI ロジックリミティッド，ケント，イギリス) から有益な助言を得た．成功を確信し，Jos Balendonck 氏 (農業環境研究所，以下 IMAG-DLO) と私はチップの自己開発に着手した．Balendonck 氏は，デジタル部分を開発し，私はアナログの高周波部分を開発した．デジタル部分はチップをコントロールし，コンピュータとの結合を可能にする．アナログ部分は，土壌の通電特性の計測に関与する．Hoewel Mans Jansen 氏 (IMAG-DLO) はチップの開発に関心を持たず，彼はアナログや高周波電子工学に関する議論で能力を発揮した．

　チップはフランスの SGS トムソン社で製造された．チップを考案し，高周波での最

適の結果を得るには，Henry Revet 氏（ANACA，SGS トムソン社，グルノーブル）の助力が不可欠であった．チップを検査するための自動検査装置の複雑なプログラムは，Edwige Fremy 氏（ANACA，SGS トムソン社，グルノーブル）との緊密な協力の下で開発した．感度の高い周波数部分に注意して，Henk van Roest 氏 (IMAG-DOL) は最初のセンサーを開発し，試験した．ハンドヘルドメータの場合と同様に，パーソナルコンピュータ用の検査ソフトと計測ソフトは Peter Nijenhuis 氏 (IMAG-DOL) によって開発された．さらにこれらの開発には，IMAG-DOL の Gijs de Vries，Max Wattimena，Wim Haalboom，および器具製作者の Ries van Ginkel，Rinus Hoogstede，Goos van Eck の各氏の協力が必要であった．

最初の誘電式土壌水分センサーが使えるようになると，多くの面で応用が急速に進むことが明らかになった．研究成果を応用するには，まず土壌の誘電特性をよりよく理解することが必要である．そのためには，理論が十分か不十分かを見極めることが必要である．本研究の一部は IMAG の DLO を通じて，また一部は第 4 回欧州アクエリアス枠組計画を通じて，戦略的開発評価機構（SEO）から支援を受けた．これによって，土壌の誘電特性に対して新しい考え方とその利用の可能性が得られた．Grand 教授（『溶液中の生物分子の誘電挙動』の著者）と Paul de Loor 氏（FEL-TNO，デン・ハーグ）との議論は明解で刺激的であった．Clark Topp 氏（土地生物資源研究センター，オタワ，カナダ）には，誘電率計測に関する全般的な議論，とくに 1980 年に発表された TDR の校正に関する彼の研究について行った議論に対して感謝の意を表したい．また，Richard Whalley 氏（シルソエ研究所，イギリス）には，誘電率計測法の議論および本研究の原稿の査読をして頂いたことに対して感謝したい．P. Wollants 教授（ルーベン大学，ベルギー）および G. H. Bolt 氏（LUW，ワーゲニンゲン），Jozua Laven 氏には，熱力学的分野に関して欄外に批判的なコメントをいただき，心から感謝する．

汚染された地下部の検出に関する章は，実験の信頼性の観点からどうしても短くなってしまった．それにもかかわらず，この研究のために，Dick Pluimgraaf 氏と Rund Mosterd 氏（ジオミル装置会社，アルプス・ライン街）によって，フィールドからの多くの情報が収集された．この柔軟な研究協力体制によって，とても快適に仕事を進めることができた．

Wim Stenfert Kroese 氏（OFFIS，ロッテルダム）は我々にコンクリート強度を誘電性で関係づける可能性について研究するよう指示してくれた．そこで，魅力ある研究を行い，共同して特許を得るまでになった．それによって得たのは，土壌よりもコンクリートの誘電特性についての知識が確立されたことである．Rene Braam 氏（IMAG-DLO）や Klaas Breugel 氏（TU，デルフト）との討論も有益であった．さらに，最初に行った実験で協力して頂いた Stekelenburg 氏（エデセ・コンクリート・センター，ワーゲニンゲン）に感謝したい．また，誘電式コンクリート強度センサーの応用について詳細な研究を行ったが，研究で不可欠な計測と補助の仕事をしていただいた Ton van Beek 氏（TU，デフォルト）に対し感謝の意を表したい．

序文

　本研究をまとめるに際し，全般的にご指導頂いた多くの方々にも，この場をお借りして謝意を表したい．Hoewel Kees Schurer 氏（IMAG-DLO）には，研究チームに積極的に参加してもらえなかったが，多くの時間を割いて私の考えに耳を傾けてくれた．私は Gert Visscher 氏（IMAG-DLO）と相対湿度について教育的議論を重ねた．Ook Rob Bure 氏，Theo Gieling 氏，それに私のルームメイトの Marjolijn Kuypers 氏（IMAG-DLO）と France Kampers 氏（IMAG-DLO）のお陰で，自動化した方法で毎日観測できるようになった．Roxanne van Haastert 氏 (IMAG-DLO) はいつも顧客に接するように愛想がよく，熱心にかつ納得がいくように多くの有益な話をしてくれた．私のコンピュータの不具合は Wojtek Sablik 氏 (IMAG-DLO) のグループによって一日で修理された．このように研究の実施に当たっては，IMAG-DLO の支援とそこにいる多くの人々に負うところが大きい．彼らの貢献は必ずしも明確でないものもあるが，それらは価値がないとは言えない．私はこれらすべての人々に感謝の意を表したい．

　本学位論文は，Reinder Feddes 教授（ワーゲニンゲン大学農学部水資源学科）のご指導の下で実現した．教授は私の原稿を極めて丁寧に調べ，熱心に議論してくれた．また副指導教授の Cris Dirksen 氏（ワーゲニンゲン大学農学部水資源学科）及び France Kampers 氏（1996 年以降，DLO，ワーゲニンゲン）からも同じようなご指導とご支援を頂いた．Kampers 氏は頭脳明晰で，分かりにくい論文を理解できるようにしてくれた．Dirksen 氏は私の貴重な実験データを利用可能なものにし，一緒になって所定の多くの実験を支えてくれた．私は彼らの努力と協力に対して大いに感謝したい．

　この序文を書いている間，私の周りには Ria, Wouter, Suzan がいる．彼女らとはここでお別れすることになるが，彼女らは常に私の側にいた．私は彼女らの示した忍耐強さと激励ばかりでなく，私が第 1 章を書き終えた時点で一緒に喜んで頂いたことに対して謝意を表したい．

Max A. Hilhorst

目　次

序文 i

第1章　緒言 1
  1.1　概要 1
  1.2　土壌の誘電特性の計測と解釈 2
  1.3　本研究の目的と概要 5

第2章　多孔材質の誘電特性に関する理論 7
  2.1　誘電分極と誘電緩和の概要 7
  2.2　双極子緩和と土壌のマトリック圧との関係 11
  2.3　対イオン拡散分極 19
  2.4　マックスウェル・ワグナー効果 21
  2.5　新誘電混合式の開発 28
  2.6　土壌の誘電率 35

第3章　誘電土壌特性に対する新しいセンサー 45
  3.1　誘電センサーの一般的なモデル 47
  3.2　誘電センサー集積回路の設計 49
  3.3　誘電センサーの電極設計に関する一般的考え 64
  3.4　新誘電センサー 71

第4章　応用 75
  4.1　誘電土壌水分計測 76
  4.2　土壌溶液の電気伝導度計測 86
  4.3　バルク土壌の電気伝導度の周波数依存 96
  4.4　誘電法による汚染地点の調査 99
  4.5　コンクリート硬化による土壌の誘電特性の変化 100

第5章　要旨と結論 111

引用文献	121
主な記号のリスト	127
訳者あとがき	131
索引	133

第1章

緒　言

1.1　概要

　水分子は最小の分子であるばかりでなく，最も興味深い分子のひとつである．水は土壌科学と農業科学におけるほとんどの問題において重要な役割を演じている．健全で費用対効果の高い作物生産には，作物に対して水と肥料を最適に供給することが不可欠である．過剰な水の使用と肥料のやりすぎは重大な環境問題を引き起こすはめになるが，持続的な栽培システムではいかに資源を有効に調節利用するかということが重要となる．したがって，作物生産中の培地において水分と養分濃度をリアルタイム（実時間）で計測する技術が益々必要になってくる．現場においても土壌汚染を調査しモニターしていくには特殊な検出システムが必要となる．

　それらを満たす計測技術は土壌の誘電特性と水分・イオン濃度との関係に基づいている．これらの誘電特性は与えられた電場に対する電気的土壌特性の反応として理解される．それらは，土壌に埋設した2本以上の電極間の**静電容量 (capacitance)** とコンダクタンスを測定することによって決定できる．このような電気的測定技術は自動計測を行うのに適している．

　静電容量は誘電定数の関数である．水の誘電定数は乾燥土壌のそれよりも高く，土壌の誘電定数を支配している．したがって，静電容量を計測することによって土壌水分量が決定できる．土壌のバルクの電気伝導度は水分量と全電解質の関数である．土壌の水分量とバルク電気伝導度が分かると，土壌中の養分濃度が分かる．

　土壌の誘電特性は周波数に依存する．この関係は，土壌構造に結合している水の種々の状況と土性に依存する．結局，土壌の誘電スペクトルから，土壌構造と水分の結合特性に関する情報を導き出すことが可能である．

　土壌の誘電特性を利用する場合の最大の欠点は，土壌水分と，土性および土壌成分の特性との間に相互作用があり，それを表現する際，誘電理論が複雑になることである．この相互作用には，よく理解されていない数多くの物理過程が関与している．今日まで，土壌

の誘電特性を表現できる完全なモデルは存在しない．誘電計測法は間接法であるため，校正はもう一つの関心事である．誘電センサーの出力信号は，正しく設定した条件下で水分パラメータと関係づけるか，校正する必要がある．

最後に，土壌水分に対する誘電センサーが益々普及しているにもかかわらず，実際の現場に適用できる，安価で，信頼性が高く，利用しやすい誘電センサーの開発が要求されている．土壌水分センサー以外に，土壌溶液のイオン伝導度，土壌のマトリック圧，土性を現場計測できる誘電センサーは存在しない．完璧な誘電計測技術開発には，深淵な研究が必要である．

1.2 土壌の誘電特性の計測と解釈

Smith-Rose[1933] は，すでに土壌の誘電特性と土壌水分との関係を示している．装置の信頼性が欠如し，利用が容易でなかったため，誘電センサーの開発は十分利用可能なものでなかった．この関係が土壌水分の日常的計測の基礎を成すようになるには数年を要した．しかし，最近 20 年間に，土壌の誘電特性の知識と誘電センサーの利用がかなり進んできた．

土壌の誘電特性に対する水分とイオン伝導度の影響を理解するには，土壌と電磁波との相互作用を理解することが重要である．水のように非対称に荷電した分子は，外的電磁場においては配列した永久双極子をもつ．物質の双極性に原子過程と電子過程とが加わる．物質の誘電定数 (dielectric constant) はその双極性の大きさであり，与えられた電磁場の周波数の関数である．水分子は永久双極子のため，その誘電定数は非常に高い（80）．乾燥土は原子と電子によって双極性になるだけで，低い誘電定数（5 以下）になる．この差は，土壌中の水分計測を可能にする．

利用者のほとんどは，誘電センサーの原理については以上のことだけを理解している．しかし，土粒子表面の誘電吸着やイオン伝導から生じる多くの過程も土壌の誘電特性を決定づける．事実，土壌の誘電定数は一定でなく，周波数によって変わり，土性，土壌水分，土壌溶液のイオンの種類と濃度のような物理パラメータに依存する．**誘電率 (permittivity)** は，複素誘電現象の一部として理解したほうがよい．誘電率は，土壌に挿入された 2 つの電極間のインピーダンスから導かれる．このインピーダンスの一般的なモデルは，コンデンサ (capacitor) とコンダクタの平行結合モデルである．誘電率の実部は，誘電分極の大きさを示す静電容量から見出される．虚部はコンダクタンスから計算され，土壌溶液の電気伝導度と関係しており，それはイオンの伝導度と誘電吸収の和である．

誘電センサーを使用する前に，計測した誘電データを関与する土壌の水分量あるいは電気伝導度と関係づけ（校正し）なければならない．校正曲線は計測する周波数，土壌の種類，土壌密度に依存し，計測に用いた周波数に対してのみ妥当である．校正曲線を現場に適用するとき，土壌成分と密度が空間変動していると計測幅が広がることに注意しなけれ

1.2 土壌の誘電特性の計測と解釈

ばならない．

土壌の誘電特性に対して，2つの基本的な測定法が利用される．80年代に流行した時間領域反射法（time domain reflectometry, TDR）とさらに最近流行しだした周波数領域（frequency domain, FD）法である．

TDRは土壌中に置いた2本以上の電極に電気のステップ関数またはパルス関数を与えたときの伝播速度と減衰の計測に関連している．そのような信号は広範囲の周波数を含んでいる．通常，支配的な周波数は100 MHzと1 GHzとの間にある．伝播速度は電極間の静電容量の関数である．この速度は信号が電極を伝播し，電送線の端から反射してくるのに要する時間に相当する．この反射時間を土壌の誘電特性と関係づけ，結局土壌水分と関係づける．反射波の速度は静電容量の関数だけでなく，電極間のコンダクタンスの関数でもある．したがって，土壌の電気伝導度が分かっていなければ，測定誤差が生じることになる．しかし，このコンダクタンスは減衰に相当するため，加えられた信号の振幅と反射信号の振幅とから計算される．

実際，TDRは時間領域分光学（time domain spectroscopy, TDS）の特殊な形態である．Grant et al. [1978]によるTDSに関する歴史的な総説によると，この技法はDavidson, Auty and Coleによって1951年にすでに用いられている．TDSシステムの目的は時間領域の入力パルスと出力パルスの形とサイズを観測することであり，周波数応答はその観測からフーリエ変換によって計算される．60年代の半ばに，Hewlett Packardは12 GHzまでの周波数応答の装置を開発した．最初，電気技術者の多くはこの装置を用いた．Fellner-Feldegg[1969]がTDSを液体の誘電場に導入する以前の，1969年まではその装置が用いられていた．70年代初めでは，電導性溶液を扱うことはすでに可能であった．私見では，この初期の研究はTDRを土壌科学への導入を早めるのに有益であったかもしれないのに，この初期の研究を基準にして拡張させた研究は，最近の研究の中に見出せない．

Davis[1975]は土壌水分を計測する場合TDRの使用を提案している．しかし，Topp et al. [1980]が校正データを発表した後になって初めて，土壌科学におけるTDRの機能が認められ，多くの科学者によって採用された．Tektronixや他の会社によるケーブルテスターの普及がTDRの導入を容易にした．Soilmoisture Equipment Corporationから出た最近の装置は整備された水分計測用として利用できるようになったが，それでも反射波形を図式的に解釈することが必要であった．波形の自動解析法の出現によってTDRはさらに利用者にやさしいものになった [Heimovaara, 1993]．IMKO[1991]が考案したセンサーではインパルスの伝播時間を利用する．この技法によって，反射したインパルスを簡単に，純粋に電気的に検出できる．

フーリエ変換のおかげで，ネットワーク・アナライザーを用いて，TDR計測を行うことができる．それを実行したければ，精確で高レベルのアナライザーが市販で入手できる．たとえば，Hewlett PackardやRohde and Schwarz社製である．別のとりうる方法は，Heimovaara [1993]によって述べられたように，あるいはGrant et al.[1978]による総説を

参考にして，周波数領域の解析に TDR を利用することである．

一般に，TDR の装置による計測は正確であるが，高価で，熟練した操作が必要であり，農業利用にはあまり適していない．しかし，TDR は土壌水分計測の手段として広く利用され，評価も高く，その原理，校正，実用に関して多くの文献が利用できる [たとえば，Topp *et al.*, 1982; Whalley, 1993]．TDR に関する研究は土壌の誘電作用の知識を改善した．主な欠点はデータ解析の複雑さと製作費にある．これらは，誘電センサー技術をたとえば温室や草地における自動潅漑に適用するとき，重大な障害になっている．

FD 法は単一の正弦波によって特徴づけられる．2 本の電極間で計測されたインピーダンスから，静電容量とコンダクタンスが計算される．また，このインピーダンスは土壌表面で反射された信号からも決定できる．しかし，衛星や飛行機やレーダー基地によるリモートセンシング (Remote Sensing, RS) は非挿入型 FD 法である．RS は地表と電磁波との相互作用を利用し，土壌との接触はない．この相互作用は，20 世紀の初めにラジオ科学の開拓者によって最初に確認された．その後，RS は土壌科学者に土壌の誘電作用へと興味を引き付けた．RS では，1 GHz と 10 GHz との間における電磁波の反射と吸収が地表の誘電特性の計測値となる．したがって，RS の最も重要な周波数領域は 1 GHz と 10 GHz との間にある．電磁波は土壌に吸収されるので，土壌の比較的上層部だけで，試験が可能である．土壌の深部における誘電特性を知ろうとすれば，いかにデータを解釈するかが重要である [De Loor, 1990]．RS で得られた土壌の誘電特性を現場で確証を得るには，計器利用による計測が必要である．

恐らく，最古の挿入型 FD 装置はインピーダンス・ブリッジであろう．土壌中に置かれた 2 つ以上の電極間で，複素インピーダンス（静電容量とコンダクタンス）が計測される．そのブリッジは関与する周波数に対して基準インピーダンスと平衡しなければならない．使用される周波数領域は通常 100 MHz 以下である．Ferguson[1953] は多くのインピーダンス・ブリッジについて総説を行った．今日では，高電気伝導時の信頼性のあるインピーダンス計測はベクトル・ボルトメータや最新の高価なネットワーク・アナライザーが使えるときだけ可能である [Grant *et al.*, 1978；Nyfors and Vainikainen, 1989；Jenkins *et al.*, 1990]．ネットワーク・アナライザーは実験室で使用される．それらは現場試験にはあまり適さず，熟練した操作を要する．

誘電物質研究の他の分野では，80 年代の終わりに重大な改良が行われた．計測セル（特殊な電極構造）を含む，高精度の誘電スペクトル・アナライザーが市販で入手できるようになった．Hewlett Packard や Solartron 社から得られるものである．これらの FD 装置は 1 GHz 以下から 10 GHz 以上までの周波数に適用でき，誘電率に関する我々の知識をかなり改善することができる．

農業試験用の簡単なセンサーでは，発振器の共振周波数が変化する性質が用いられている [Babb, 1951; Turski and Malicki, 1974; Wobschall, 1978; Heathman, 1993]．これら市販で得られるほとんどの FD センサーがもつ共通した問題は，土壌の電気伝導度に対して感

度が鈍いことである．それは，電気長の補正が足りないために生じる．電極やワイヤーの長さは，電気伝導度に依存した計測誤差を引き起こす．位相誤差は入力回路（通常，LC発振器）の活動部における周波数バンド幅が限定されることから引き起こされ，そのため一般に過小評価になる．Hilhorst[1984] が開発したセンサーは特殊な伝導度と電気長の補正回路を備えている．10 MHz から 20 MHz の間で作動する数多くの試作機が見出され，オランダの農業研究グループにその道を開いた．それらのモデルは確かな成果を生んだ [Halbertsna et al., 1987; Van Dam et al., 1990; Hilhorst et al., 1992]．このセンサーは大量生産には適さず，決して原型から作られたものでない．1995 年以降，波の立ち上がりや反射係数の計測技術に基礎をおいた現場用の計器が得られるようになった．これらの方法は共振周波数法 (resonance frequency technique) に比べて電磁妨害 (electromagnetic interference) に対する感度が低い．その一例が"シータ・プローブ"で，水分量だけを計測する Delta-T[1995] によって作られたセンサーである．Vitel[1995] はバルク土壌の電気伝導度とともに水分量も計測できるセンサーを製作した．両者とも，相対的に低伝導度（<0.1 S m^{-1}）の土壌に適している．それらは，ともにアナログ出力である．これは，欠点として見られるかもしれない．しかし，近代的なデジタル・コントロールとデータ蓄積装置があるにもかかわらず，園芸に応用できるデータロガーのほとんどはまだアナログ入力である．校正プロット点が与えられると，出力電圧は土壌水分量に変換される．

　上述の FD 装置と TDR 装置は，精度が低い場合か，あるいは実験室での利用の場合だけに限られている．それらは大量生産に適せず，熟練した技師を必要とする．これは誘電率計測技術の利用拡大の大きな障害となっている．

1.3　本研究の目的と概要

　農業における土壌水分計測は，誘電センサー技法の応用の最たるものである．それは，土壌溶液の電気伝導度，土壌水分ポテンシャル，土性の計測の可能性がある．本研究の目的は次の 3 つである．

— 土壌の誘電作用に関する知識を拡大すること（第 2 章）．
— 誘電センサーを利用するため低価格で簡単なセンサーを開発すること（第 3 章）．
— 誘電土壌特性の持つ可能性を明らかにすること（第 4 章）．

著者のねらいの一つは，土壌の誘電特性の可能性をもっと有効に引き出すため，誘電特性に関する十分な背景と新しい装置の情報を読者に与えることである．
　第 2 章では，土壌科学における誘電率に関する理論の最も重要な側面を述べる．土壌の誘電特性に対する水の影響について論評を行っている．誘電率に関する一般的な理論の一部を土壌に適用し，足りない部分は筆者が補っている．土壌の誘電特性の周波数依存を解析し，マックスウェル・ワグナー効果に対する土性の影響を述べている．また，土壌の誘

電特性と周波数との関係に対するマトリックポテンシャルの影響を解析し，文献のデータと比較している．新しい混合モデルを開発し，いくつかの既存の式と比較している．結果として，周波数，水分量，マトリックポテンシャル，間隙率の関数として，土壌の誘電特性の予測が可能な理論的モデルを得ている．

　第3章では，現場における誘電計測を可能にする新しいFDセンサーの開発に関して述べる．このセンサーの心臓部は，大部分が電子機器が関係している実用特殊集積回路（ASIC）である．ASICの設計に関連した問題に焦点を当てる．設計のために選択した原理を述べる．計測周波数を20 MHzとして最新のセンサーを開発する．入力のインピーダンスから始まり，ソフトウェアのデータ処理まで，この新FDセンサーをシミュレーションする機能的モデルについて述べる．また，この章では電極の接触，電極の長さ，計測体積に関する問題を簡単に取扱う．既知の誘電率を用いて，いくつかの結果の妥当性を調べる．

　第4章では，TDRとともに新FDセンサーを用いて理論の適用性を検討する．第2章で展開した理論モデルを用いて予測した校正曲線，TDRの校正曲線，FDセンサーの校正曲線を比較する．次に，バルク土壌の電気誘電率及び電気伝導度の両者と土壌溶液の電気伝導度との関係を導き，試験する．バルク土壌の電気伝導度と周波数との関係はマックスウェル・ワグナー効果で表す．さらに，誘電率の実部と虚部を同時に計測することによって土壌汚染における化学成分の変化を検出する．これは，水和したコンクリートの誘電特性が圧縮強度の発達に関係することに基づいている．最後に，コンクリートの水和過程と比較することによって，土壌の誘電作用に関するいくつかの側面について述べる．

第2章
多孔材質の誘電特性に関する理論

2.1 誘電分極と誘電緩和の概要

　水のような分極分子は対称的に帯電し，永久双極子モーメントを持っている．水分子は，ある距離を隔てて正と負に帯電しているものとして概略モデル化できる．微視的スケールでは，各電荷はそれ自体の電場を形成し，隣接する電荷に力を及ぼす．正の電荷は負の電荷を引き付けるが，同じ符号の電荷は反発する．電場では，分極分子は電場の方向に配列する傾向があり，さらに分極する．その結果生じる電場は，個々の電場のベクトルをすべて総合したものになる．平衡していて外力電場が働かない場合，巨視的スケールの全電場強度はゼロになる．これは，双極子がランダムに配向している場合にだけ真である．外力電場を与えると，このランダム配向が乱される．双極子は配列する傾向があり，物質は分極化する．電荷は移動して，ある点から他の点へと多少電流の流れが生じる．この電流は外部から計測でき，物質が分極化する可能性の程度を示す．数時間後，物質は新しい平衡に達することになる．その間エネルギーは蓄積される．分極分子は熱エネルギーによって絶えず変動している．このランダム過程は外部電場を中性化する傾向がある．印加した電場を取り除くと，蓄積されたエネルギーはある時間内に消散する．この過程は誘電緩和 (dielectric relaxation) と呼ばれる．

　本章では，誘電分極と誘電緩和過程について簡単に述べる．誘電分極についてさらに理解するには，文献に示した Hasted[1973] や Grant[1978] のような教科書を参考にするとよい．電磁場や電磁波に関する理論のさらに詳しいところは，Lorrain[1988] を参照するとよい．

　物質の磁力特性もまた，その誘電特性に影響する．一般の土壌は磁性を持たない．珍しい，いくつかの土壌は磁性を示すが，土壌の誘電作用に対するその影響はここでは議論の対象外である．

分極化と誘電率

　2つの金属プレートによるコンデンサを考えよう．電気ポテンシャルを印加すると，金属プレートに電荷が生じる．金属プレート間の空間の一点における電場は金属プレート上の電荷の存在によって引き起こされた1つの状況である．2つの金属プレート間には電荷 Q が生じる．その金属プレート間の電場はその電荷に作用する力を生じる．電場とそれによって電荷上に生じる作用力はベクトル量である．力のベクトル $\underline{F}$ は電場のベクトル $\underline{E}$ と次の関係がある．

$$\underline{F} = Q\underline{E} \tag{2.1}$$

2つの電荷点間の距離 d よりもはるかに大きく広がった均質媒体における2つの電荷点 Q_1, Q_2 に働く力は，クーロン (Coulomb) の法則によって与えられる．

$$\underline{F} = \frac{Q_1 Q_2}{4\pi\varepsilon_0 \varepsilon_r d^2} \underline{r}_{1,2} \tag{2.2}$$

ここで，$\varepsilon_0 = 8.854 \times 10^{-12}\,\mathrm{F\,m^{-1}}$ は真空の誘電率である．ε_r は真空の誘電率に対する物質の相対的な無次元の誘電率である．単位ベクトル $\underline{r}_{1,2}$ は Q_1 から Q_2 までを示す．$\underline{F}$ は2つの電荷が同じ符号ならば反発的であり，異なる符号ならば引き合う．電荷はクーロン (C) で，力はニュートン (N) で，距離 d は m で計測される．積 $\varepsilon_0 \varepsilon_r$ は媒体の絶対誘電率 (absolute permittivity) と呼ばれる．

　前述のように，コンデンサの2つの金属プレートの間に土壌を置いたとき，荷電した分子（双極子）と金属プレートとの間に力が作用する．双極子は電場に応じてそれ自体配向性を示し土壌は分極化する．しかし，分子は自発的に変動し，この整列をランダム化する傾向がある．熱エネルギーによる分子のランダム変動化の過程はブラウン運動として知られる．結局，2つの効果の結果として，分子間に力学的平衡が確立される．ε_r はこれら2つの影響の程度，すなわち分極度の程度を示す．

　電場に外力を与えた場合と与えない場合の永久双極子の分極化を図2.1[*1]に示す．

誘電率の周波数依存

　電場は周波数 f によって交替変動しているか静的状態にある．非分極材質の場合，誘電分極は電子雲の移動か，あるいは荷電原子（イオン）間の距離の変化に依存する．この距離の変化は，3 THz から 100 THz 以上の遠赤外領域の周波数によって引き起こされる共振現象を伴っている．この種の原子レベルの分極は歪分極 (distortion polarization) と呼ばれる．$f < 10\,\mathrm{GHz}$ のとき，これら原子の分極機構は，ほとんど損失がなく周波数と温度には無関係である．分極材質の場合，双極子分極に歪分極が加わる．

　電場を除去すると，励起エネルギーはある時間内に散逸される．別の場を与えると，エネルギーは蓄積されたり，印加した周波数によっては吸収されたりする．この分極過程の

[*1] 訳注) a) 図において Q_2 に働いている F_1 は F_2 の誤りと思われる．

2.1 誘電分極と誘電緩和の概要

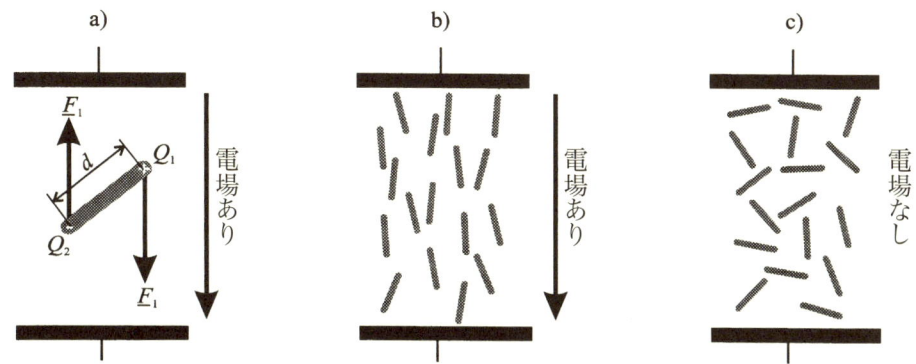

図 2.1 **a)** コンデンサの 2 つのプレート間の電磁場における双極子の分極化．距離 d 間にある 2 つの電荷中心点 Q_1 と Q_2 にそれぞれ作用している力 F_1 と F_2 は双極子に電場 E を与えた結果生じたものである．**b)** 整列した双極子の様子．**c)** ブラウン運動を受けた後の双極子の様子．

周波数依存性は，相対誘電率 ε_r の複素表示によって表される．本論文においては，複素相対誘電率 (complex relative permittivity) を単に誘電率 (permittivity) と呼び，ε で表すことにする．誘電率は次式で定義される．

$$\varepsilon = \varepsilon' - j\varepsilon'' \tag{2.3}$$

ここで，誘電率の実部 ε' は全分極の大きさであり，材質の成分の非双極子分極と双極子分極の和である．静的電場の場合，ε' は通常誘電定数 (dielectric constant) と呼ばれる．材質の誘電定数は常に自由空間の誘電定数より高い．

誘電率の虚部 ε'' はエネルギーの吸収またはエネルギー損失の全量を示す．エネルギー損失には誘電損失 ε''_d とイオンの電導による損失が含まれる [例えば，Hasted, 1973]．

$$\varepsilon'' = \varepsilon''_d + \frac{\sigma}{2\pi\varepsilon_0 f} \tag{2.4}$$

ここで，σ は土壌間隙中の水のイオン電導度，f は与えられた電場の周波数である．土壌科学では，(2.4) 式で与えられる ε'' を使うことはない．実用性があるのは，間隙水の比電気伝導度 σ_w の方で，次式で定義される．

$$\sigma_w = 2\pi f \varepsilon''_w \varepsilon_0 \tag{2.5}$$

ここで，ε''_w は水の誘電率の虚部である（土壌科学ではこの電気伝導度は EC と言われることが多い）．σ_w は誘電損失を含んでいる．もし誘電損失が無視できれば，σ_w は比イオン伝導度 σ に近似できる，すなわち $\sigma_w \approx \sigma$ である．バルク土壌の比電気伝導度 σ_b はおよそ σ_w と土壌水分量の関数 $g(\theta)$ に比例し，すなわち $\sigma_b = \sigma_w g(\theta) \approx \sigma g(\theta)$ である．土

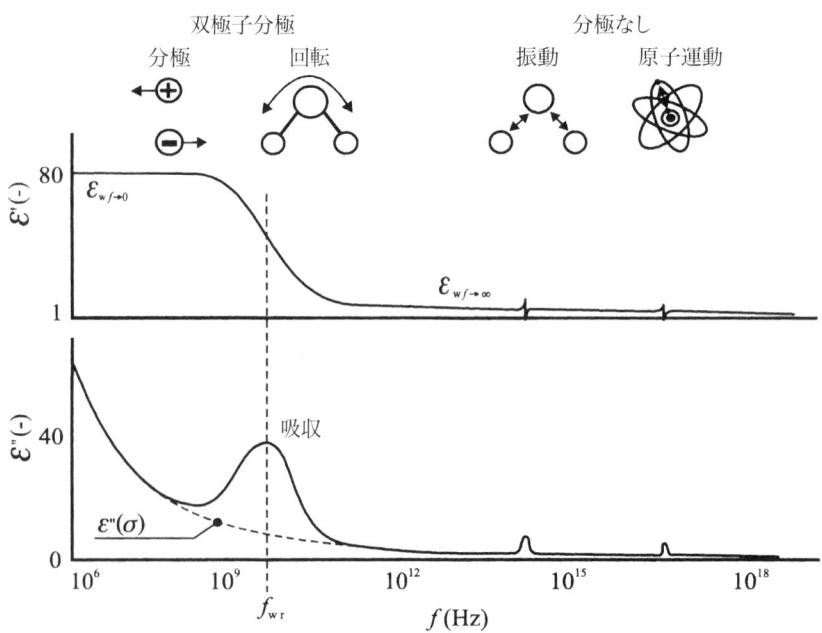

図 2.2 水と電磁波との相互関係の定量的表現．誘電率の実部 ε' と虚部と ε'' を周波数の関数として示している．低周波の端では，双極子分極が支配的になり，高周波の端では歪分極が支配的になる．水の誘電吸収のピークは，水の緩和周波数 f_{wr} でイオンの電導値が最大となって，イオン伝導による破線の吸収線に添加される．

壌水分量は無次元量 θ で表され，土壌中の水の体積分率として定義され，体積含水率と呼ばれる．交流の電場に存在する分極分子の再配列は瞬間的でない．水に対するこの現象は 2.2 節でもっと詳細に取扱う．低周波数のとき，水の誘電率 ε_w は，静止電場の水の誘電率 $\varepsilon_{wf\to 0}$ に近づく．周波数が増大するにつれて，水分子は高速に変化する電場についていけず緩慢な動きになる．分極は後退し，供給されたエネルギーは吸収される．$f \to \infty$ の場合，水の誘電率は，原子レベルの分極に対する値である $\varepsilon_{wf\to\infty}$ まで減少する．土壌が乾燥固体材質の場合，分極は歪分極だけである．乾燥土の誘電率は 5 以下である．室温で，低周波のとき，$\varepsilon_w \approx 80$ である．したがって，土壌の ε は土壌水分量によって支配されるため，土壌誘電率を測定することによって土壌水分量の計測が可能になる．図 2.2 においては，電磁波と水との相互関係を定量的に表現している．ε' と ε'' に対する電磁波の影響が周波数の関数として示されている．

デバイの緩和関数

(2.3) 式のように示される分極物質の電気複素誘電率 ε は周波数に依存する．Kaatze and

2.2 双極子緩和と土壌のマトリック圧との関係

Uhlendorf[1996] の実験結果に従うと，単一の緩和過程に対する周波数関係はデバイの緩和関数 [Debye,1996] によって最もよく表される．

$$\varepsilon = \varepsilon' - \mathrm{j}\varepsilon'' = \frac{\Delta\varepsilon}{1 + \mathrm{j}f/f_\mathrm{r}} + \varepsilon_{f\to\infty} \qquad (2.6)$$

ここで，f_r は材料の緩和周波数と呼ばれ，$\Delta\varepsilon = (\varepsilon_{f\to 0} - \varepsilon_{f\to\infty})$ は，静的電場の分極 $\varepsilon_{f\to 0}$ と歪分極 $\varepsilon_{f\to\infty}$ との誘電増分あるいは誘電差である．(2.4) と (2.6) 式から，(2.3) 式の実部と虚部は

$$\varepsilon' = \frac{\Delta\varepsilon}{1 + (f/f_\mathrm{r})^2} + \varepsilon_{f\to\infty} \qquad (2.7)$$

および

$$\varepsilon'' = \frac{\Delta\varepsilon(f/f_\mathrm{r})}{1 + (f/f_\mathrm{r})^2} + \frac{\sigma}{2\pi\varepsilon_0 f} \qquad (2.8)$$

で示される．緩和周波数では，誘電率の実部 ε' の誘電増分は半分，すなわち，$\varepsilon' = \varepsilon_{f\to\infty} + (\Delta\varepsilon/2)$ になる．誘電率の虚部は緩和周波数で最大値に達する，すなわち，$\sigma = 0$ では，誘電損失は $\varepsilon''_\mathrm{d} = \Delta\varepsilon/2$ となる．

図 2.3 には，純水の場合に関して，(2.7) と (2.8) に従って ε' と ε'' をプロットしている．Kaatze[1996] によると，0 ℃の氷のデバイのパラメータは $\varepsilon_{\mathrm{ice}f\to 0} = 92$, $\varepsilon_{\mathrm{ice}f\to\infty} = 3.17$, $f_\mathrm{ice\,r} = 9$ kHz であり，同じ温度の水では $\varepsilon_{\mathrm{w}f\to 0} = 88$, $\varepsilon_{\mathrm{w}f\to\infty} = 5.2$, $f_\mathrm{w\,r} = 9$ GHz である．水の場合，ε''_w は $\sigma = 0.1$ S m^{-1} と $\sigma = 0$ S m^{-1} に対して示している．水の誘電特性に関する詳細は，Kaatze[1996] とそこにある文献を参照しよう．

ここまで物質の誘電特性の基礎概念について述べてきた．水（すなわち，自由水）の場合，その理論が適用できる．しかし，土壌においては，固相に結合している水のエネルギー状態は自由水のそれと異なっている．次節では土壌の誘電特性に対する結合水の影響と，土壌の誘電分極に関する別の側面について説明しよう．

2.2 双極子緩和と土壌のマトリック圧との関係

土壌の誘電率と周波数との関係を決める 2 つの重要な因子は，水分子間の分子結合と，水分子と土壌粒子間の結合である．本節では，土壌の水結合特性とその誘電特性との関係を導く．

土壌は固相粒子，水，空気からできている 3 相系である．間隙系を形成する固相は土壌マトリックスと呼ばれている．水は土壌マトリックスと結合できる．結合の度合は，土壌表面から大きく離れている非結合水あるいは自由水から，強結合水あるいは吸着水まで変化する．Koorevaar *et al*.[1983] によると，水は次の 3 つの組み合わせによって土壌マトリックスに結合されている．

— 吸引力 (adhesive force)：固相と水分子との間の結合．

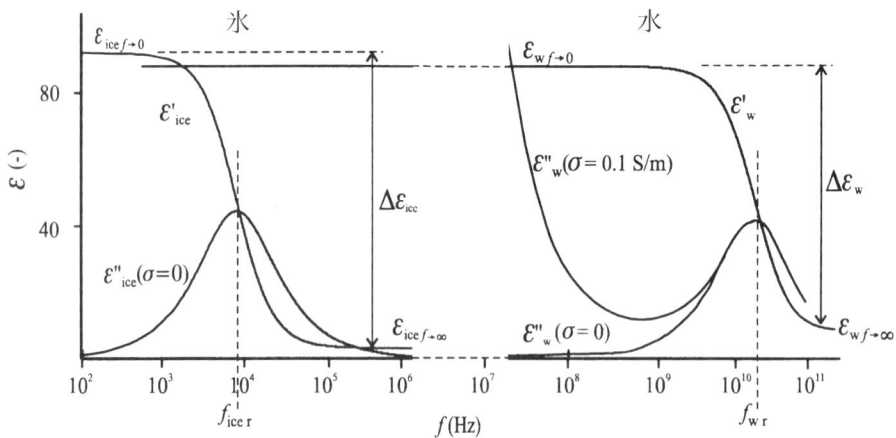

図 2.3 電波周波数がデバイ関数に従い，温度が **0** ℃のときの，氷の誘電率の実部 ε'_{ice} と虚部 ε''_{ice}，水に対するそれらの値 ε'_w と ε''_w，およびイオン伝導度 $\sigma = 0.1\,\mathrm{S\,m^{-1}}$ と $\sigma = 0\,\mathrm{S\,m^{-1}}$ の場合の吸収項 ε''_w を示している **[Kaatze,1996]**．氷と水の緩和周波数 $f_{ice\,r}$, $f_{w\,r}$ はそれぞれ 9 kHz と 9 GHz である．$f \ll f_r$ に対する誘電率は $f \to 0$ で表し，$f \gg f_r$ の誘電率は $f \to \infty$ で表す．誘電増分は $\Delta\varepsilon$ で表す．

- 粘着力 (cohesive force)：水分子間の結合．
- 浸透力 (osmotic force)：電気二重層内の化学ポテンシャル勾配による結合 [Bolt and Miller, 1958; Raythatha and Sen, 1986]．

土壌マトリックスの水結合特性はその熱力学特性を用いて表現できる [Slatyer,1967]．水が土壌マトリックスに結合されると，その水は自由水と同程度の仕事ができなくなり，したがってエネルギーを失うことになる．同様に，水とセメントあるいは石膏を混合すると，水和過程の間に熱が発生するが，これは結合水のエネルギーの損失を表す極端な例であり，土壌中の水の結合に類似している．

土壌水のポテンシャル

土壌水のエネルギー状態は地上あるいは基準状態（自由水）と水の実際の状態（結合水）との間におけるギブスの自由エネルギーの差によって与えられる．それは単純に全水ポテンシャル ψ_t と呼ばれる．熱力学的平衡条件下では，ψ_t は，純水を大気圧 $p_0 = 0.1$ MPa，温度 20 ℃で，特定の高度にある水槽から，考慮下の点の土壌水まで等温かつ可逆的に輸送するのに必要な仕事量であり，単位質量当たりのエネルギー量（J kg^{-1}）で表したものである．全水ポテンシャル ψ_t は空気ポテンシャル，重力ポテンシャル，マトリックポテンシャル，浸透 (osmotic) ポテンシャルの和である [Koorevaar et al., 1983; ISO/TC, 1996]．

平衡条件下の小さな土壌サンプルでは，空気ポテンシャル，重力ポテンシャルは無視で

2.2 双極子緩和と土壌のマトリック圧との関係

きる．平衡土壌溶液の浸透ポテンシャルはどこでも同じと考えられている．したがって，水は土壌マトリックスに結合することはない．しかし，電気二重層中（例えば粘土粒子の周り）における浸透ポテンシャルの勾配は浸透力 (osmotic force) を生じ，水を土壌マトリックスに引きつける．この種の水結合はマトリックポテンシャル ψ_m に含まれている．したがって，マトリックポテンシャルは土壌マトリックスに水を保持しているあらゆる力を代表している．もし水の密度 ρ_w が一定ならば，土壌のマトリックポテンシャルは圧力として表される．土壌のマトリックポテンシャルに等価なこの圧力 p_m は単位体積当たりのエネルギー量として定義される（J m^{-3} または Pa）．それは ψ_m と関連し，$p_m = \rho_w \psi_m$ である．

土壌を空気にさらすと，土壌は熱力学的平衡になるまで乾燥するか，あるいは湿潤する．それは液体—蒸気境界の両側のポテンシャルに依存する．p_m は空気の相対湿度 e/e_s に関係し，次式で与えられる [例えば，Slatyer, 1967]．

$$p_m = \frac{RT}{V} \ln(e/e_s) \tag{2.9}$$

ここで，T は絶対温度，R は普遍気体常数，V は水の部分モル体積である．空気の相対湿度は気温 T における水蒸気圧 e と飽和水蒸気圧 e_s との比である．

Dirksen and Dasberg[1993] は，広範囲の土壌に対して，粒子表面上の第 1 水分子層に対して計算した水分量と，風乾土壌試料で計測した水分量との間にはほんの僅かしか差がないことを示した．Dirksen and Dasberg の実験では $e/e_s \approx 0.50$ は $p_m = -100$ MPa に相当する．この吸着水分量 θ_h は土壌マトリックスの比表面積 S_A の関数である．S_A，結果としての θ_h，はシルト分や粘土分の増加につれて増加する．Dirksen and Dasberg の実験では，θ_h は S_A が低い砂質土の場合の 0.02 から，S_A が大きい Vertisol やベントナイトの場合の 0.12 まで変化する．本論文では，θ_h は，$e/e_s = 0.50$ の条件下で土壌に吸着された水分量として定義する．

水が単分子層で存在する p_m の範囲では 2 つの限界値が存在する．2 つの限界値は土粒子表面の鉱物成分に大きく依存している [De Boer, 1953]．下限値は吸着水の第 1 層が粒子表面から離脱するときの値である．105 °C の炉乾燥法を用いてこの水分子層を除去すると，土壌は完全な乾燥と見なされる．p_m の上限値は分子層の数が増加し始める点であり，それは粒子の材質に依存し，前述にしたがって，$p_m > -100$ MPa と仮定される．

p_m の最高値は $p_m = 0$ MPa であり，水で飽和された土壌に適用される．このとき，土粒子表面に水を加えたり，水を大きく引き離すのに，エネルギーは必要でない．土壌物理学では大気圧 p_0 がマトリック圧の基準として採られていることに注意しよう．したがって，マトリック圧 $p_m = 0$ MPa は大気圧 $p_0 = 0.1$ MPa に相当する．

土壌マトリック圧と誘電緩和との関係

土壌の誘電特性と土壌マトリック圧 p_m との関係を導くため，いくつかの仮定をしなけれ

ばならない．Hosted[1973] のデータによると，同じ温度における水と氷の誘電率は周波数スペクトルの 2 つの極値において概ね等しい ($\varepsilon_{w\,f\to 0} \approx \varepsilon_{ice\,f\to 0}, \varepsilon_{w\,f\to\infty} \approx \varepsilon_{ice\,f\to\infty}$)．したがって，$\varepsilon_{w\,f\to 0}$ や $\varepsilon_{w\,f\to\infty}$ は，水の結合状態や誘電緩和には無関係な定数として取扱う．

水の熱力学的特性と他の液体の熱力学特性とを比較すると，水素結合が水の特性に大きく関与していることが分かる [Eisenberg and Kanzman, 1969]．水分子間の結合力は極めて強い．そのもっともらしい原因は液体中の分子間の水素結合である．土壌においても，水分子は 1 つ以上の水素結合によって土粒子表面に結合している．水素結合は，急激に変化する電磁場では，分子が再配向するのを妨げている．Kinetic 速度理論 [Glasstone *et al.*, 1941] から推論できるように，緩和周波数 f_r は 1 周期の時間 $\tau = 1/(2\pi f_r)$ の間に水素結合を作ったり，破壊したりする確率と関係している．この理論によると，水の誘電緩和周波数は次式で与えられる．

$$f_r = \frac{kT}{2\pi h} e^{-\frac{\Delta G^*}{RT}} \tag{2.10}$$

ここで，ΔG^* は OH$\cdots$O 結合を破壊するのに必要なギブスのモル自由エネルギー変化，h はプランク定数，k はボルツマン定数，T は絶対温度，R は普遍気体常数である．分子結合が破壊すると，ほとんど瞬間的に新しい結合が作り出される．ギブスの関数は $G = H - TS$ で定義される．ここで，H はエンタルピー，S はエントロピー，T は絶対温度である．

したがって，$\Delta G^* = \Delta H^* - T\Delta S^*$ である．ここで，ΔH^* はモル活性化エンタルピー，ΔS^* はモル活性化エントロピーである．Kaatze and Uhlendorf [1981]，Grant [1978] によると，-5 ℃と 60 ℃との間では ΔH^* および ΔS^* の弱い温度関係は無視できる．液状水の場合，ΔS^* は結合力とほとんど関係がない．したがって，ΔH^* は，水素結合を作ったり，破壊したりするのに必要なエネルギーと近似的に一致する．(2.10) 式は活性化エンタルピーを用いて次のように書き直される．

$$f_r \approx \frac{kT}{2\pi h} e^{-\frac{\Delta H^*}{RT}} \tag{2.11}$$

以下では，添字 0 は標準大気圧 ($p_0 = 0.1$ MPa, 20 ℃) における自由水の値を表し，この添字以外の値は同じ温度のときの，あるレベルの結合力を受けている分子を表している．

水分子に働いているどの結合力も ΔG^*，すなわち $\Delta G^* > \Delta G_0^*$，が加わる．(2.10) 式と，その近似式 (2.11) から，f_r と f_{r0} との比は

$$\frac{f_r}{f_{r0}} = e^{\frac{\Delta G_0^* - \Delta G^*}{RT}} \approx e^{\frac{\Delta H_0^* - \Delta H^*}{RT}} \tag{2.12}$$

差 ($\Delta G_0^* - \Delta G^*$) は土壌マトリック圧 p_m と関係づけることができる．マトリックス内のどこにおいてもよいから，蒸気-液界面に存在する水分子を考えよう．p_m は次式によっ

2.2　双極子緩和と土壌のマトリック圧との関係

て，化学ポテンシャルあるいは標準状態の水分子の部分モル自由エンタルピー μ_0 とその実際のポテンシャル μ との差に関係づけられる [Slatyer,1967].

$$p_\mathrm{m} V = \mu_0 - \mu \tag{2.13}$$

ここで，V は水の部分モル体積である．純粋な物質の化学ポテンシャル μ は ΔG^* に等しいことが熱力学の教科書 [例えば，Harrison, 1963 あるいは Roos and Wollant, 1995] から分かる．すなわち

$$p_\mathrm{m} V = \Delta G_0^* - \Delta G^* \tag{2.14}$$

本論文では考慮下の位置の水は純水であると仮定する．その場合，$p_\mathrm{m} V$ は (2.12) 式に代入でき，f_r と p_m との関係は次式になる．

$$f_\mathrm{r} = f_\mathrm{r0} e^{\dfrac{p_\mathrm{m} V}{RT}} \tag{2.15}$$

p_m は液の表面で定義されているので，(2.15) 式は蒸気—液界面の分子に対してだけ適用できる．

　土壌マトリックスのどこかにある蒸気—液界面上の水分子を考えよう．この位置にある分子の場合，f_r に対する p_m および ΔG^* の影響は (2.15) 式から見出せる．土壌マトリックスに水を加えることによって，この界面が移動すると，p_m と $(\Delta G_0^* - \Delta G^*)$ は増加する（負の値が小さくなる）．分子が新しい位置にくると，ΔG^* と f_r は自由水の値に近づく．しかし，最初の位置にある場合，この分子に作用している力場が維持されているので，ΔG^* と f_r は変化しない．このことは，(2.6) 式によって与えられるデバイ緩和関数と土壌水分特性曲線との間に，ある関係が存在することを示している．(2.6) 式に (2.15) 式を代入すると，周波数 f の関数としての誘電率 ε が個々の水分結合段階において計算される．(2.15) 式の利点は，土壌物理学で親しまれている土壌水分のエネルギー状態が誘電率と関連づけられている点である．2.4 と 2.5 節では，土壌水分特性曲線から誘電スペクトルを計算するために (2.15) 式がいかに用いられるかについて示す．

土壌粒子表面の水の単分子層に対する緩和周波数

　水の単分子層の場合，緩和周波数 f_r の広がりはそれほどない．Dirksen and Dasberg[1993] の実験では $e/e_\mathrm{s} = 0.5$ とし (2.9) と (2.15) 式を用いると，吸着水分に対して $f_\mathrm{r} \approx 8\,\mathrm{GHz}$ になる．

　Dirksen and Dasberg[1993] の計測は TDR で行われ，そこでの支配的な計測周波数は大体 150 MHz であった．彼らは，ほとんどの土壌の場合，吸着水分による誘電率への影響の推定値と計測値との間でよく一致することを見出した．このことから，吸着水分に対する周波数は $f_\mathrm{r} < 150\,\mathrm{MHz}$ を用いるのが実用的であると結論できる．Hoekstra and Delaney [1974] は，低伝導度性の Goodrich 粘土の場合，10 MHz と 100 MHz との間の周波数では

誘電率の減少はほとんど見られず，100 MHz 以上になると誘電率が連続的に減少することを見出している．このことから，$f_r < 100$ MHz を使用する可能性もある．

文献のデータとの比較

文献から収集し筆者なりに解釈したデータに対して，本節で導いた緩和周波数と土壌マトリック圧との関係で比較した．表 2.1 に，活性化エンタルピー ΔH^*，緩和周波数 f_r，土壌マトリック圧 p_m に対して得られた全データを示す．これらのデータは多くの点で (2.9)，(2.11)，(2.15) 式との一致が見られる．f_r と p_m に対する曲線は ΔH^* の関数として図 2.4 に示す．さらに，以下のような観測が得られている．

1. Kaatze and Uhlendorf [1981] は 20 ℃，大気圧のときの自由水に対して $\Delta H_0^* = 20.5$ kJ mol^{-1}，$f_{r0} = 17$ GHz を見出した．自由水は飽和させるのに必要な最終部分の水であり，$p_m \approx 0$ である．Dirksen and Dasberg [1993] は土壌の場合，単分子層の水が $e/e_s = 0.50$ で存在することを示した．(2.9) 式によると，$e/e_s \approx 0.50$ は $p_m = -100$ MPa に相当し，それは (2.15) 式によると $f_r = 8$ GHz になる．

2. Hestra and Doyle[1971] は Na-モンモリロナイトおよび γ-アルミナの場合，誘電分散は約 1 GHz の周波数で生じることを見出した．(2.11) 式によると，0 ℃で，$\Delta H^* = 25$ kJ mol^{-1} の場合 $f_r = 1$ GHz であり，これは彼らの結果に近い．

3. Rolland and Bernard[1951] はシリカゲルに吸着される水（近似的に単層）の場合，$\Delta H^* = 52.5$ kJ mol^{-1} であることを見出した．シリカゲルの場合，完全に乾燥させるには 120 ℃の炉温が必要であることが分かっている．これは，(2.11[*2])，(2.15) によるとそれぞれ 20 ℃のとき $f_r \approx 10$ kHz，$p_m \approx -2 \times 10^3$ MPa に相当する．

4. Hasted[1973] は 0 ℃の普通の氷の場合，$f_r = 9$ kHz のとき $\Delta H^* = 55$ kJ mol^{-1} であることを見出した．105 ℃の炉乾燥法を用いて粒子表面から氷に似た第 1 水分子層が除去されると，土壌は完全に乾燥と見なされる．この水の層は $\Delta H^* \approx 55$ kJ mol^{-1} をもち，それは (2.11)，(2.15) によると，それぞれ 20 ℃で $f_r \approx 10$ kHz，$p_m \approx -2 \times 10^3$ MPa に一致する．

5. 沈殿したコンクリートに吸着されている水の場合，ほとんどの文献 [Breugel,1991] が 40 kJ mol^{-1} と 60 kJ mol^{-1} との間にある ΔH^* 値を示している．コンクリートから水を除去するには，1000 ℃以上の温度が必要である．

6. Iwata[1995] は粘土表面に結合された水の場合，$\Delta H^* > 55$ kJ mol^{-1} であり，結果的に (2.11) 式から $f_r < 10$ kHz であることを報告している．いくつかの粘土では，水をすべて除去するには 400 ℃以上の温度が必要である．105 ℃の炉乾燥法では土壌から水分をすべて除去するには不十分であることが分かる．残っている水分量は土壌マトリックスの一部と見なされる．

[*2] 訳注）原著では (2.9) となっているが，(2.11) の間違いと思われる．以下，同様．

2.2 双極子緩和と土壌のマトリック圧との関係

表 2.1 文献で得たデータと，筆者が解析したデータ．これらのデータは土壌マトリック圧と誘電緩和との関係を示している．データはすべて温度 **20** °Cのものであり，ΔH^* が増加する順で表している．

出典	水結合型	活動エンタルピー ΔH^* (kJ mol^{-1})	誘電緩和周波数 f_r (MHz)	土壌のマトリック圧 p_m (MPa)	備考
Kaatze & Uhlendorf [1981]	自由水	20.5	17×10^3	-0.1	粒子または間隙表面から大きく離れたところに位置する水
Dirksen & Dasberg [1993]	吸着水	22.3 **	8×10^3 **	-100 *	$e/e_0 = 0.50$ における水の単分子層
Hoekstra & Doyle [1971]	Na-モンモリロナイトおよびγ-アルミナへの結合	25.1	1×10^3	-250 ***	-15°Cから-52°C
Rolland & Bernard [1951]	シリカゲルへの結合	52.5	10×10^{-3} **	$\approx -2 \times 10^3$ ***	120°C以上の温度における水分蒸発
Hasted [1973]	氷	55	9×10^{-3}	$\approx -2 \times 10^3$ ***	0°Cのときの通常の氷
---	吸着水	55 **	10×10^{-3} **	$\approx -2 \times 10^3$ ***	吸着水分の下限値（氷状）の単分子水分層および105°Cのときの水分蒸発
Breugel [1991]	固化したコンクリートへの結合	40 - 60	---	$\approx -2 \times 10^3$ ***	1000°C以上のときの水分蒸発
Iwata [1995]	粘土への結合	> 55	$< 10 \times 10^{-3}$ **	$< -2 \times 10^3$ ***	400°C以上のときの水分蒸発

* (2.9)式を用いて相対湿度から計算
** (2.15)式を用いて土壌水分圧力から計算
*** (2.11)式を用いて活動エンタルピーから計算

結論

土壌中の結合水の誘電緩和周波数 f_r と土壌マトリック圧 p_m との関係は (2.15) 式で表され，そのエネルギー状態は土壌マトリック圧 p_m によって表される．f_r に対する結合水の影響は p_m から計算できる．この結論は文献から得た多孔材質の水分保持特性と誘電率特性を用いて表した．これらの例は，土壌材料から水をすべて除くには 105 °C 以上の温

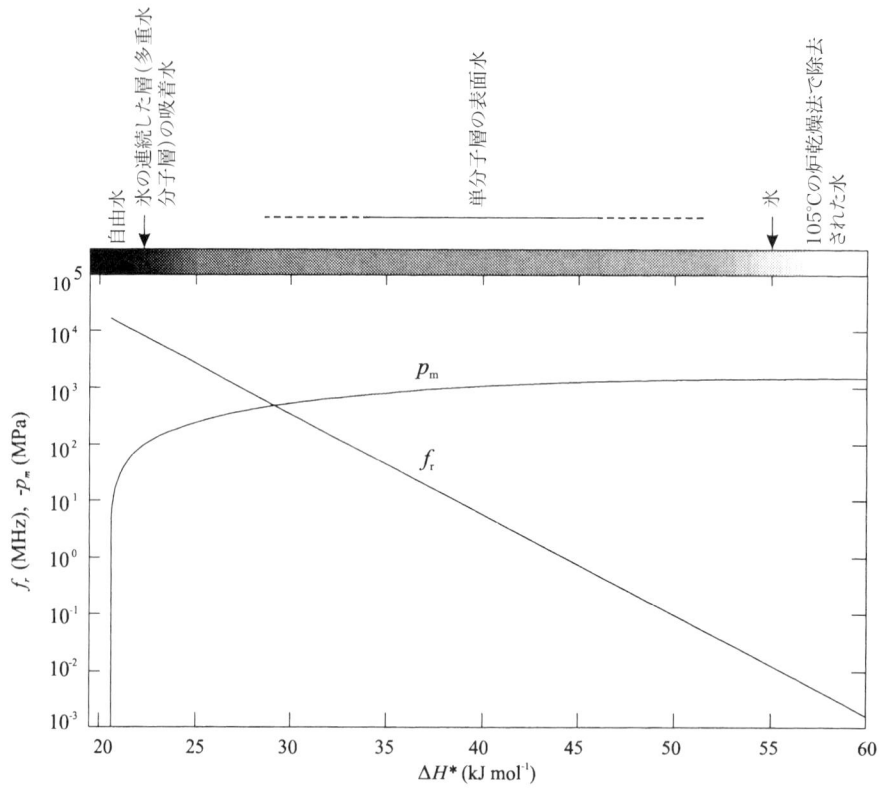

図 2.4 土壌結合水の種々のエネルギー状態間の全体的関係．緩和周波数 f_r と土壌マトリック圧 p_m を活動エンタルピー ΔH^* の関数としてプロットしている．グラフの上の線はマトリックス表面に結合している水の層の数を示している．自由水から $p_m \approx -100$ MPa の吸着水まで比較的急激な遷移をしていることに注意しよう．

度が必要であることを示している．しかし，実用的には，残留水分は僅かであり，土壌固体の一部と見なされることが多い．

土壌の場合，単層の表面水が -100 MPa $> p_m > -2 \times 10^3$ MPa で存在し，それは 8 GHz$> f_r >$ 10 kHz に相当する．しかし，10 MHz $> f_r >$ 10 kHz の方がより現実的な値であると論じられてきた．土壌のマトリック圧と誘電特性との関係は，土壌水分特性で観察されるヒステリシス（すなわち，吸着と脱着との差）が誘電スペクトルに適用できることを示している．

ある実質的な土壌に対する誘電率は種々の水の層の混成から得られ，それら各層は水結合エネルギーから生じるそれぞれ独自の誘電特性を持っている．

2.3 対イオン拡散分極

土壌マトリックス内の間隙水中にイオンが存在すると，多くの分極と緩和現象が起こり，それが誘電スペクトルの低周波域に影響する．これらの影響の1つが対イオン拡散分極 (counterion diffusion polarization) である [Chew, 1982]．この影響はイオン濃度の関数であり，従って比イオン伝導度 (specific ion conductivity) σ の関数である．σ の増加はとくに低周波域において誘電率 ε の計測値の増加を促し，土壌水分計測精度の低下を招く．

対イオン拡散分極は表面現象の1つである．それは 100 kHz 以下の周波数で支配的であるが，1 MHz 以上の周波数で計測された ε に対しても起こりうる．本論文では 1 MHz ～1 GHz の間の周波数域における土壌の誘電挙動に注目するため，対イオン分極は手短に取扱う．

土壌は水，固相，空気の混合物である．飽和に近い土壌では，空気は気泡の形で分布している．イオン濃度の影響に関しては，気泡はコロイド粒子のように取扱うべきであるというのが持論である．

対イオン拡散分極

コロイドの誘電分散 [O'Brien, 1986] とも呼ばれる対イオン拡散分極に関しては，Polk and Postow [1986] のハンドブックに詳細に述べられている．電磁場では，土粒子表面上の電気二重層のイオン拡散がこの層の分極を引き起こす．対イオン拡散分極の程度は粒子の表面電荷密度に比例する．対イオン拡散分極を図 2.5 に示す．

Schwarz[1962] は対イオンの表面電荷密度 (counterion surface charge density) δ_0 を用いて半径 r の巨視的球形の場合を考えている．その場合，電気二重層の厚さは粒径よりはるかに小さい．Schwarz [1962] は対イオン分極を示す粒子の誘電率に対して次式を見出

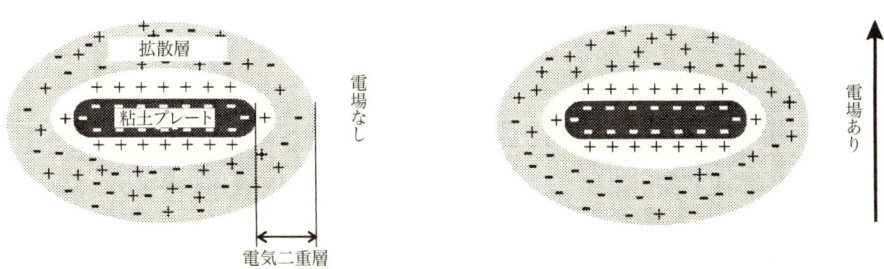

図 2.5 粘土板の周囲の電気二重層における陽イオンと陰イオンの分離によって生じた対イオン拡散分極の説明図．

した.

$$\varepsilon_{\mathrm{c}} = \frac{\Delta\varepsilon_{\mathrm{c}}}{1+\mathrm{j}\dfrac{f}{f_{\mathrm{cr}}}} + \varepsilon_{\mathrm{c}f\to\infty} \qquad (2.16)$$

ここで，添字 c は対イオン分極を表し，f_{cr} は緩和周波数，$\varepsilon_{\mathrm{c}f\to\infty}$ は $f \gg f_{\mathrm{cr}}$ の場合の誘電率，$\Delta\varepsilon_{\mathrm{c}}$ は誘電増分である．f_{cr} は次式で与えられる．

$$f_{\mathrm{cr}} = \frac{2ukT}{\varepsilon_0 r^2} \qquad (2.17)$$

ここで，u は対イオンの表面可動性 (surface mobility of counterion)，m^2 V^{-1} s^{-1}，である．f_{cr} は粒径 r の平方に反比例することに注意しよう．$\Delta\varepsilon_{\mathrm{c}}$ は次式で与えられる．

$$\Delta\varepsilon_{\mathrm{c}} = \frac{q_{\mathrm{c}}^2 \delta_0}{\varepsilon_0 kT} \qquad (2.18)$$

ここで，q_{c} は対イオンの電荷である．土壌の粒径分布はいくつかのオーダ，つまり 1 nm 以下から 1 mm 以上までにまたがっている．したがって，各粒子に対する f_{cr} の広がりは大きくなり，それにつれて結局 ε_{c} の値は小さくなると思われる．表 2.2 には，対イオンの効果は大きいことと，緩和周波数の関与は"小さい"ことを示している．0.044 μm と 0.59 μm との間のポリスチレン粒子のデータは，Schwarz [1962] や Polk and Postow[1986] から採用した．1.17 μm と 0.188 μm のポリスチレン粒子に対するデータは Schwan [1957] のデータから筆者が推定したものである．

　粒子の対イオン分極は第 1 水分子層で生じ，土壌の ε に対するその寄与は低水分域で顕著である．例として，ナトリウムの対イオンをもつ 5 nm の粘土粒子を考えよう．$u \approx 0.05$ m^2 V^{-1} s^{-1} の場合，(2.17) 式から緩和周波数 $f_{\mathrm{cr}} = 10$ MHz が得られる．前述のように，この緩和周波数は広い周波数帯にまたがる．そのために，ε_{c} の大きさは小さいと思われる．例えば，ベントナイトのようないくつかの粘土においては，電気二重層の厚さは粒径よりも小さく，それが対イオン分極の予測を難しくしている．本論文では対イオン分極の影響は無視できるものと仮定する．

気泡の分極

　空気―水界面の分子の配向はバルクの水の配向とは異なる．それらの配向はランダムでなく，空気―水界面に荷電を帯び，電気二重層が形成される．コロイド状土粒子ばかりでなく，間隙水中の気泡も電気二重層で取り囲まれ，対イオン拡散分極を呈するようになる．それは土壌中の誘電反応に影響する．筆者は，気泡の分極は完全飽和から半飽和までの水分範囲において最も顕著なものであると考える (図 2.6)．この効果は気泡が球形を形成するとき，最大になる．計測周波数を固定すると，誘電率の実部 ε' は気泡のサイズの減少とともに増加し，気泡が消滅する飽和付近ではゼロに近づく．大まかに言って半飽和から完全飽和までの水分範囲における ε' の増加によって，校正曲線 $\varepsilon'(\theta)$ は "S" 字型にな

2.4 マックスウェル・ワグナー効果

表 2.2 懸濁中のポリスチレン粒子（体積率が 0.30 に近い）の電気特性．Schwarz [1962] からのデータ．ただし，∗印は Schwarz [1962] のデータから推定したものである．

Particle radius r (μm)	Permittivity of particle ε (-)	Relaxation frequency f_{cr} (kHz)
1.17*	≈8.000	≈2
0.59	10.000	0.6
0.28	3.000	1.8
0.188*	≈2.000	≈50
0.094	2.450	15
0.044	540	80

る．付随する誘電緩和周波数は広範囲の周波数に広がる．それは，気泡の大きさが間隙のサイズから無限に小さいサイズまでの間で変化するからである．小さい気泡が含まれているため，スペクトルは 100 MHz 以上に広がるものと思われる．気泡が分極を起こすという筆者の仮説を述べた文献は今まで見当たらない．しかし，出版された校正データ $\varepsilon'(\theta)$ を注意深く観察することによって，その存在を示すいくつかの証拠を見出した．

分極とは別に，気泡は θ の関数として変化し，それらの形と大きさによって透水性に影響する [Endres and Knight, 1992]．気泡の形は吸着の場合扁球になり，脱着の場合長球になる傾向がある．したがって，ε と θ との関係におけるヒステリシスが考えられる．平衡条件下では，気泡は球形になる傾向がある．これは，エネルギーが最小の形状になるように水面の水分子が配列するためである．気泡の形状に基づくヒステリシスは水が流れている間だけ起こりうる．

結論

土壌粒子の対イオン分極は 1 MHz 以上の周波数で誘電率を計測する場合それほど重要でない．それは複雑な機構であるが土壌の場合ほとんど無視できる．しかし，この簡略化によって誤差が生じる可能性があり，そのことに常に注意を要する．対イオン分極効果においては，気泡は粒子と同様に取扱うべきことを論じた．

2.4 マックスウェル・ワグナー効果

マックスウェル・ワグナー効果 (Maxwell-Wagner effect)[Maxwell, 1873; Wagner, 1914]

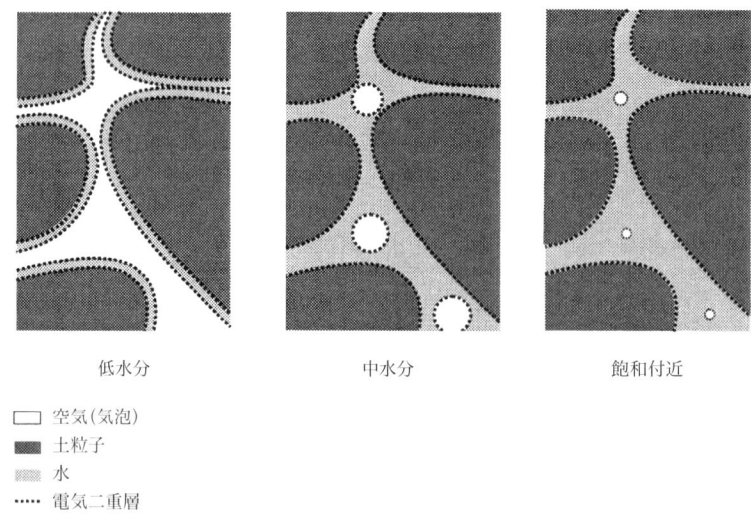

低水分　　　　　　中水分　　　　　　飽和付近

☐ 空気(気泡)
■ 土粒子
▨ 水
⋯⋯ 電気二重層

図 2.6　気泡の周囲の電気二重層が対イオンの分極を示している．気泡は中位の水分範囲で現われ，飽和に近づくにつれて消滅する．

は誘電スペクトルの低周波域に影響を与える最も重要な現象である．それは Hanai[1968] や Dukhin and Shilov [1974] によって詳細な解説が行われている．マックスウェル・ワグナー効果は界面分極 (interfacial polarization) と言われることがよくあるが，本文脈では界面分極という語は誤解を招くと思われる．それは真に界面分極でなく，むしろ電気ネットワーク理論から分かるように，電導域と非電導域の分布の結果である．それは土壌を構成しているバルクの誘電特性の違いに依存する巨視的な現象である．この効果は概略 0.1 MHz と 500 MHz との間の周波数領域で支配的であり，その領域は θ 測定で最もよく使用される周波数領域である．

マックスウェル・ワグナー分散の等価回路

コンデンサの 2 つのプレート間に挟まれ，水で飽和された土壌を考えよう．あるものが一方のプレートから他方のプレートへ移動するとき，非伝導性の固相の領域と伝導性の間隙水の領域とを通過しなければならない．マックスウェル・ワグナー効果は，図 2.7b に示すように，直列の 2 つの誘電スラブの接合からなるコンデンサのような，固相と間隙水を考えることによって，最もよく説明できる．これらのスラブは，ともにコンデンサによって表されている．2 つの平行プレートとそれらの間にある誘電体によって形成される

2.4 マックスウェル・ワグナー効果

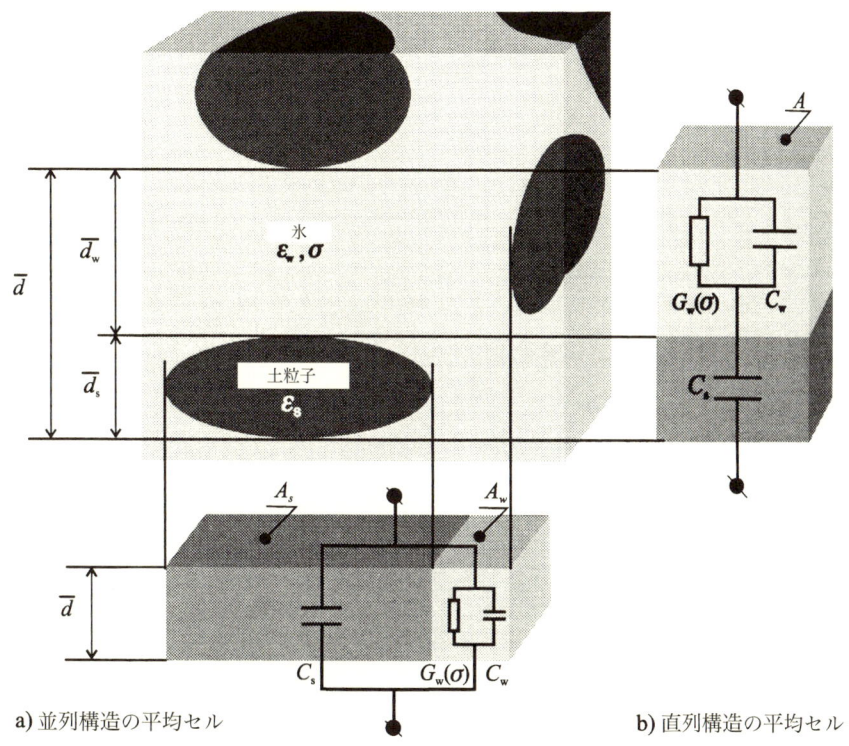

a) 並列構造の平均セル   b) 直列構造の平均セル

図 2.7 土壌成分の誘電特性の差による，マックスウェル・ワグナー分散 [Maxwell, 1873; Wagner, 1914] の等価回路．2 つのモデルは土壌の平均セルの形で示されている．モデル **a)** は層の厚さが等しく，異なる面積，水は A_w，固相は A_s，を持つセルの並列形である．水は，伝導度 σ と誘電率 ε_w をもつ電導体であり，固相は誘電率 ε_s をもつ非電導体である．モデル **b)** は 2 つのコンデンサの直列からできている．その一つは水のコンデンサ C_w であり，水のイオン電導による並列コンダクタ $G(\sigma)$ を伴っている．他の一つは固相のコンデンサ C_s である．水の層の平均厚は $\overline{d_w}$ であり，固相の厚さは $\overline{d_s}$ である．

コンデンサの静電容量 C は，
$$C = \varepsilon \varepsilon_0 \frac{A}{d} \tag{2.19}$$

ここで，A はプレートの面積，ε は厚さ d の誘電体の誘電率である．以下では，添字 w は平均的な水の層によって形成された最初のコンデンサに対する値を表し，添字 s は平均的な固相によって形成された 2 番目のコンデンサに対する値を表す．電極間で測定される

静電容量, 誘電率, 緩和周波数は, 添字 MW で表す. これらの値から, マックスウェル・ワグナー緩和を計算することができる. 添字 | は直列の接合を意味する. 図 2.7b の直列回路の全静電容量は次式で与えられる.

$$C_{\mathrm{MW|}} = \frac{1}{1/C_\mathrm{w} + 1/C_\mathrm{s}} \tag{2.20}$$

最初のスラブは平均厚 $\bar{d}_\mathrm{w}$ の間隙水層の誘電率 ε_w とイオン伝導度 σ を表している. 誘電損失は無視できるものと仮定する. したがって,

$$\varepsilon_{\mathrm{MW\ w}} = \varepsilon'_{\mathrm{MW\ w}} - \mathrm{j}\frac{\sigma}{2\pi f \varepsilon_0} \tag{2.21}$$

2 番目のスラブは非電導体で, 平均厚 $\bar{d}_\mathrm{s}$ の固相の誘電率を表す. 2つのコンデンサをあわせた平均厚は $\bar{d} = (\bar{d}_\mathrm{w} + \bar{d}_\mathrm{s})$ である. 図 2.7b の 2 つのスラブは平均セルを表している. それらに対して, 層 $\bar{d}_\mathrm{w}$, $\bar{d}_\mathrm{s}$ の平均厚さは水分量 θ, 間隙率 ϕ, 比表面積 S_A のような実際の土壌のパラメータと関連づけられる. 平均厚さの間の関係を示す関数を K, すなわち $K(\theta, \phi, S_\mathrm{A})$, としよう. 実際の土壌では, K は未知数であるが, 試験的に計算して, 求めることができる. 図 2.7b の平均セルの簡単な例では, K は次のように定義される.

$$K = \bar{d}/\bar{d}_\mathrm{s} \tag{2.22}$$

と

$$\frac{K}{K-1} = \bar{d}/\bar{d}_\mathrm{w} \tag{2.23}$$

構造係数 (texture parameter) K は 2 つのプレートの間の距離に無関係な無次元の正規パラメータである. K を決定づけるのは粒子の大きさでなく形であることに注意しよう. 粒径は異なるが, 同等に充填した 2 つの土壌は同じ K を持つ. (2.19), (2.20), (2.21) 式から, 項を並び替え, K を代入すると, 2 つのスラブを通して計測される $\varepsilon_{\mathrm{MW|}}$ は次式で表される.

$$\varepsilon_{\mathrm{MW|}} = \frac{K}{\dfrac{K-1}{\varepsilon'_{\mathrm{MW\ w}} - \mathrm{j}\dfrac{\sigma}{2\pi f \varepsilon_0}} + \dfrac{1}{\varepsilon_{\mathrm{MW\ s}}}} \tag{2.24}$$

これは実部と虚部とに分けることができる. 直接代数計算することによって, $\varepsilon_{\mathrm{MW|}}$ の実部は $\varepsilon'_{\mathrm{MW\ w}}$ の関数だけでなく, σ と f の関数でもあることが分かる.

(2.24) 式で表されるマックスウェル・ワグナー効果をデバイの緩和式 (2.6) に代入することができる. マックスウェル・ワグナー効果による見かけの誘電率の無限に高い周波数限界値 $\varepsilon_{\mathrm{MW|} f\to\infty}$ と静止状態の限界値 $\varepsilon_{\mathrm{MW|} f\to 0}$ はそれぞれ次式になる.

$$\varepsilon_{\mathrm{MW|} f\to 0} = K\varepsilon_{\mathrm{MW\ s}} \tag{2.25}$$

2.4 マックスウェル・ワグナー効果

および

$$\varepsilon_{\text{MW}|f\to\infty} = \frac{K}{\dfrac{K-1}{\varepsilon'_{\text{MW w}}} + \dfrac{1}{\varepsilon_{\text{MW s}}}} \tag{2.26}$$

マックスウェル・ワグナー効果の"緩和"周波数 $f_{\text{MW}|\,\text{r}}$ は，(2.24) 式の $\varepsilon_{\text{MW}|}$ の実部がその虚部に等しくなる周波数である．

$$f_{\text{MW}|\,\text{r}} = \frac{\sigma}{2\pi\varepsilon_0\left[\varepsilon'_{\text{MW w}} + (K-1)\varepsilon_{\text{MW s}}\right]} \tag{2.27}$$

K が 1 に近ければ，$f_{\text{MW}|\,\text{r}}$ は間隙水の σ に依存することに注意しよう．$\varepsilon'_{\text{MW w}}$ と $\varepsilon_{\text{MW s}}$ は定数である．(2.26)，(2.25)，(2.27) を用いると，(2.24) 式はデバイの緩和式の形に書くことができる．

$$\varepsilon_{\text{MW}|} = \frac{\Delta\varepsilon_{\text{MW}|}}{1 + j\dfrac{f}{f_{\text{MW}|\,\text{r}}}} + \varepsilon_{\text{MW}|f\to\infty} \tag{2.28}$$

ここで，マックスウェル・ワグナー効果の誘電増分は $\Delta\varepsilon_{\text{MW}|} = (\varepsilon_{\text{MW}|f\to 0} - \varepsilon_{\text{MW}|f\to\infty})$ である．$\varepsilon_{\text{MW}|f\to\infty}$ はマックスウェル・ワグナー効果のない材質の誘電率であることに注意しよう．(2.28) 式を少し異なる形で書くと有益である．

$$\varepsilon_{\text{MW}|} = \left[\frac{\dfrac{\varepsilon_{\text{MW s}}}{\varepsilon'_{\text{MW w}}}(K-1)}{1 + j\dfrac{f}{f_{\text{MW}|\,\text{r}}}} + 1\right]\varepsilon_{\text{MW}|f\to\infty} \tag{2.29}$$

ここで，括弧内の項は正規化されたデバイ関数である．この項は水と固相の誘電率と K だけに依存する．$\varepsilon_{\text{MW}|f\to\infty}$ は $f_{\text{MW}|\,\text{r}}$ に比べて高い周波数時の材質の誘電率である．

(2.27) 式から明らかなように，因子 $(K-1)$ が十分に高くなりさえすれば，K の広がりによって緩和の広がりは小さくなる．したがって，任意のシステムでは近似的に単一の緩和周波数を持つことができる．それは (2.26)，(2.25)，(2.27) と (2.28) あるいは (2.29) 式を用いてモデル化される．本論文の以下の部分では，添字 MW| は MW で置き換える．

$\varepsilon_{\text{MW}|f\to\infty}$ の値は，結合水効果（2.6 節を見よ）が無視できる場合，分極現象だけに依存する誘電率に一致する．

(2.27) 式で分かるように，$f_{\text{MW r}}$ に対する層の厚さの広がりの影響は小さい．$f_{\text{MW r}}$ は主に σ の関数である．蒸発の結果として，土壌が乾燥する場合，間隙水中のイオン濃度は上昇し，σ と $f_{\text{MW r}}$ も上昇することに注意しよう．

一例として，スラブの厚さがそれぞれ 5 nm と 10 nm の，水で飽和された，2 つのタイプの仮想粘土を考えよう．粘土を並列セルで表す．粘土スラブを覆っている水膜は平均 20 nm の厚さであり，$\varepsilon'_{\text{MW w}} = 80$，$\varepsilon_{\text{MW s}} = 5$，$\sigma = 0.1\,\text{S\,m}^{-1}$ である．これら 2 つの粘土に対するマックスウェル・ワグナー効果から得られる誘電率の正規化された実部

$\varepsilon'_{\mathrm{MW}|}/\varepsilon_{\mathrm{MW}|f\to\infty}$ は (2.29) 式から計算でき，図 2.8 に周波数の関数としてプロットされている．

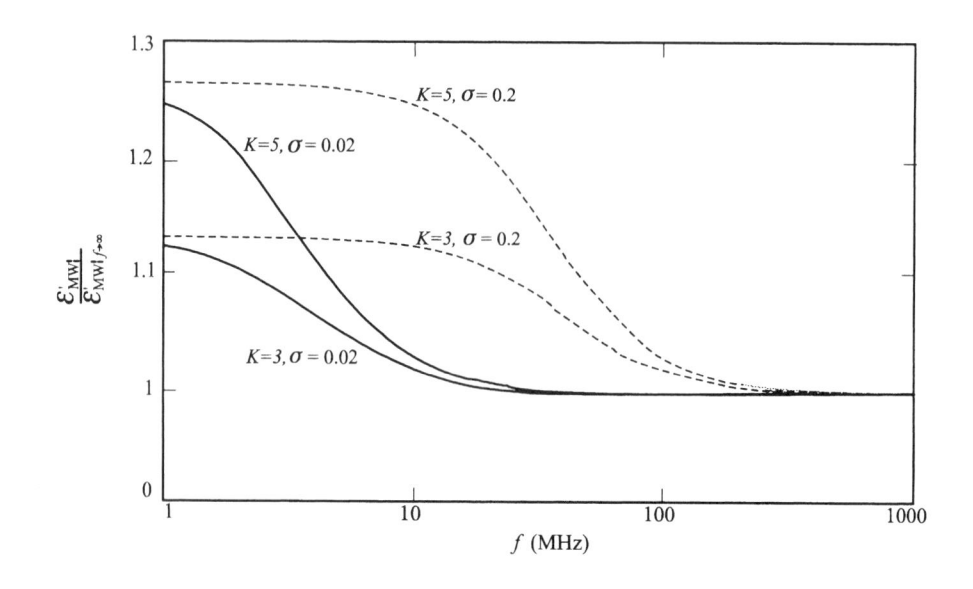

図 2.8　飽和粘土の誘電スペクトルにおけるマックスウェル・ワグナー緩和の発現の表示．粘土スラブは平均厚さが 5 nm と 10 nm であり，平均水膜は 20 nm，すなわちそれぞれ $K=5$ と $K=3$，であると仮定している．イオンの伝導度は破線の場合 $\sigma=0.2\ \mathrm{S\ m^{-1}}$，実線の場合 $\sigma=0.02\ \mathrm{S\ m^{-1}}$ である．誘電率の正規化された実部，$\varepsilon'_{\mathrm{MW}|}/\varepsilon_{\mathrm{MW}|f\to\infty}$ は **(2.29)** 式から計算される．

これまで，水の層と固相の層の直列結合だけ論じてきた．実際には，粘土スラブの向きは未知である．図 2.7a と図 2.7b に示すように，直列結合は 2 つの極端な向きの一つである．いま，// で示される並列した形を考えよう．2 つのコンデンサの並列結合の全静電容量は，

$$C_{\mathrm{MW}//} = C_{\mathrm{w}} + C_{\mathrm{s}} \tag{2.30}$$

(2.19), (2.21) 式を用いて書き直すと，

$$\varepsilon_{\mathrm{MW}//} = \frac{1}{d}\left(\varepsilon_{\mathrm{MW\ s}}\overline{A}_{\mathrm{s}} + \varepsilon'_{\mathrm{MW\ w}}\overline{A}_{\mathrm{w}} - \mathrm{j}\frac{\sigma}{2\pi f\varepsilon_0}\overline{A}_{\mathrm{w}}\right) \tag{2.31}$$

ここで，$\overline{A}_{\mathrm{s}}$ と $\overline{A}_{\mathrm{w}}$ はそれぞれ固相と水の平均面積である．並列の場合，$\varepsilon_{\mathrm{MW}//}$ の実部は f と σ に独立であることが (2.31) 式から分かる．C_{s} と C_{w} を通る電流の位相は G_{w} が変化しても変化しない．(2.31) 式と (2.28) 式[*3]とを比較すると，並列配置の場合さらに緩和

[*3] 訳注) 原著では (2.20) となっているが (2.28) の誤りと思われる．

2.4 マックスウェル・ワグナー効果

を引き起こすことはないことが明らかである．したがって，マックスウェル・ワグナー効果は起こらない．

土壌の場合，簡略化された式 (2.29) 式を用いて計算すると分かるが，計測した誘電増分 $\Delta\varepsilon_{MW}$ は $\Delta\varepsilon_{MW|}$ より小さい．計測値は並列要素と直列要素の実際の配置に依存する．また，$\Delta\varepsilon_{MW}$ は σ に独立であることに注意しよう．

粘土スラブの自然配向は，ランダムな配向からサンドイッチ型の配向まで変化する．誘電体の観点からは，サンドイッチ型の構造は 2 つの極端なモデル，すなわち直列モデルと並列モデルで表される．水の誘電率と伝導度によって決定される緩和周波数を伴って，直列モデルのときだけマックスウェル・ワグナー緩和が生じる．プレートで濃縮した粘土の場合，ε_{MW} の計測値は配向に敏感になる．しかし，配向感度の存在について文献から確証を見出すことは困難である．

3 点周波数計測法によるマックスウェル・ワグナー効果の評価

(2.28)，(2.29) 式で述べたように，ε_{MW} を予測するために必要なすべてのパラメータを知ることは困難である．しかしながら，これらの式は，土壌の誘電特性を解析するための実用的な手段として役立てることができ，それによって未知の土壌の構造情報を得ることができる．

前に示したように，低周波におけるマックスウェル・ワグナー効果の誘電率の実部 $\varepsilon_{MWf\to 0}$ は土性パラメータの関数 $K(\theta, \phi, S_A)$ で表される．ここで，θ は水分量，ϕ は間隙率，S_A は比表面積である．$K(\theta, \phi, S_A)$ を決定するために，前述のように，直列セル近似を用いることにしよう．このセルの場合，$K(\theta, \phi, S_A)$ は平均固相の厚さと平均水の層の厚さとの比の大きさである．$K(\theta, \phi, S_A)$ は単に K で表すことにしよう．

もしマックスウェル・ワグナー効果による影響がなければ，無限に高い周波数におけるマックスウェル・ワグナー効果の誘電率の実部 $\varepsilon_{MWf\to\infty}$ はバルク土壌の誘電率に等しい．2.2 節では，周波数がおよそ 150 MHz 以下（単一の緩和周波数を持つ水の単分子層）の場合，結合水の影響は小さいと説明した．したがって，誘電スペクトルはマックスウェル・ワグナー効果がなければほとんど平坦になり，マックスウェル・ワグナー効果だけがスペクトルの低周波数端を決定づける．3 つの異なる周波数における誘電率の計測から，マックスウェル・ワグナー効果の 3 つのデバイパラメータ，$\varepsilon_{MWf\to 0}$，$\varepsilon_{MWf\to\infty}$，$f_{MW\,r}$ を計算することは可能である．$\varepsilon_{MWf\to\infty}$ から，水と固相の誘電率 $\varepsilon_{MW\,w}$，$\varepsilon_{MW\,s}$ が推定でき，さらに土性パラメータ K が (2.29) 式から導かれる．$\varepsilon_{MWf\to\infty}$ はマックスウェル・ワグナー緩和によって影響されず，結合水による影響は最小に過ぎないので，この誘電率はその結合水に相当するものと思われる．

3 つの周波数が $f_1 : f_2 : f_3 = 1 : 2 : 3$ の比率にあるとしよう．それらは，期待されるマックスウェル・ワグナー緩和領域内で選択する．結合水が計測に影響するのを避けるため，3 つの計測周波数は 150 MHz 以下に選択するとよいかもしれない．これらの周波数

に対して，それぞれ ε'_1, ε'_2, ε'_3 が計測される．(2.28) 式で直接代数操作を行うと，次式が得られる．

$$f_{\text{MW r}} = f_1 \sqrt{-\frac{5\varepsilon'_1 - 32\varepsilon'_2 + 27\varepsilon'_3}{5\varepsilon'_1 - 8\varepsilon'_2 + 3\varepsilon'_3}} \tag{2.32}$$

$$\varepsilon_{\text{MW} f \to \infty} = \frac{8\varepsilon'_1 \varepsilon'_3 - 3\varepsilon'_1 \varepsilon'_2 - 5\varepsilon'_2 \varepsilon'_3}{5\varepsilon'_1 - 8\varepsilon'_2 + 3\varepsilon'_3} \tag{2.33}$$

$$\Delta \varepsilon_{\text{MW}} = (\varepsilon_1 - \varepsilon_{\text{MW} f \to \infty}) \left(1 + \frac{f_1^2}{f_{\text{MW r}}^2}\right) \tag{2.34}$$

(2.32), (2.33), (2.34) 式は，周波数が 1 : 2 : 3，例えば 10 MHz, 20 MHz, 30 MHz であれば，すべての周波数に対して妥当であることに注意しよう．

結論

マックスウェル・ワグナー効果はデバイ関数に従う単一の緩和過程の形で表され，$f < 150$ MHz のとき誘電率が増加する主な原因である．この周波数は，結合水の緩和（2.2 節）が主要な役割を演じている，十分に低い周波数である．$f \to \infty$ に対する ε_{MW} の限界値，すなわち $\varepsilon_{\text{MW} f \to \infty}$ はマックスウェル・ワグナー効果によって影響されない土壌の誘電率に等しいことを示してきた．マックスウェル・ワグナー効果の振幅 ε_{MW} は正規化したデバイ関数の形に置くことができ，$\varepsilon_{\text{MW} f \to \infty}$ より大きくなる．このことと単一の緩和過程であることから，3 つの周波数における計測によってデバイ関数の 3 つのパラメータを計算することが可能である．期待される緩和周波数の近辺で 1 : 2 : 3 の割合で周波数を選ぶと都合がよい．それらの周波数に対して (2.32), (2.33), (2.34) 式が使用できる．

誘電スペクトルは，150 MHz 辺りで結合水の緩和によって支配されている高周波部分と，マックスウェル・ワグナー効果によって支配されている低周波部分の 2 つに分けることができる．土壌の誘電特性を求める的確で実用的な手段として，3 つの周波数を用いれば，両者の部分はデバイ関数によって表すことができる．また，$\varepsilon_{\text{MW} f \to 0}$ は土性に関係していることを示した．一方，$\varepsilon_{\text{MW} f \to \infty}$ は土壌水分量だけに依存した．

2.5 新誘電混合式の開発

これまで，種々の分極機構とマックスウェル・ワグナー効果について別々に取扱ってきた．コンデンサのスラブ間で測定される土壌の全誘電率はこれらすべての機構の結果である．土壌は不均一材質である．それはいろいろな形の粒子，水膜，空気，有機物の混合物である．誘電体の計測では，構成成分より大きな，完全に混合した土壌を均質なものとし

2.5 新誘電混合式の開発

て取扱う．巨視的スケールで計測されるその誘電特性は，個々の成分の特性と種々の分極現象によって決定される．巨視的スケールと微視的スケールで計測した誘電率間の関係は，混合公式あるいは混合法則と呼ばれる混合式を用いて表される．微小構造と土壌成分特性の ε に与える影響は複雑であり，よく分かっていない．したがって，現在，経験的な混合式を用いて ε を表したり，予測したりすることが唯一可能である．本節では，新しい誘電混合式を導こう．

現行の混合式

電場強度 E は x, y, z 空間ベクトルであり，土壌プレートの個々の成分に対する電場強度の分布は複雑である．混合物の平均電場強度 $\overline{E}$ は，Böettcher [1952], De Loor [1956], Bordewijk [1973], Böettcher and Bordewijk [1978], Sihvola [1988] 及びそれらの中の引用文献によって与えられる理論から決定できる．これら混合物の電場強度から，ε が計算できる．しかし，土壌成分の局所的 E の寄与から数学的に $\overline{E}$ を決定することは，むしろ困難であり，実用的とは思えない．粒子が長楕円の場合，それは一部可能であろうが，任意の形の粒子や間隙の場合，実質的に不可能である．

多くの混合式が公表されてきたが，普遍的に適用できるものはない．いくつかの式では，土壌のパラメータには全く関係ない1つ以上のパラメータが使用されている．静電気問題，あるいは1 GHz以上の周波数の場合だけ妥当な式もある．混合式に関する深い議論については，Cole-Cole [1941], Davidson-Cole [1951], Tinga *et al.* [1973], Wang and Schmugge [1980], Davidson *et al.* [1985], Priou [1992], Kobayashi [1996], 及びそれらの中の引用文献を参照するとよい．

浸透（percolate）現象は，空気から水への，あるいはその逆への連続的な相の変化の結果として，例えばヒステリシスや不安定遷移を生じる．浸透は貫通して流れることを意味する．浸透は非線形現象であり，浸透物質のパラメータの挙動は非常に急激な変化に富んでいる．浸透が起きている場所の物質の形状は，非常に特殊である．物質を形成している成分の一部がほんの少し変化しても，構造は全く異なる挙動をする．水と乾燥土壌の誘電率に大きな差があるため，土壌の誘電率は浸透している地点に一致する体積部分の近くであいまいになる．誘電混合に関連した浸透現象については，Han and Choi [1996], Sihvola [1996] を参照するとよい．以下では，電場の重ね合わせの原理を用いて新しい誘電混合式を導こう．この式も，経験的に決定しなければならないパラメータを含んでいる．しかし，これらのパラメータが物理的な土壌パラメータと関連していることが後に示される．電磁波理論のさらに詳しい取り扱いについては，Lorrain [1988] や他の教科書に譲ることにする．

新しい混合式

土壌の誘電率 ε を計測するため，2つの金属プレートの間に電場 E を加えよう．その金

属プレートの間に土壌があり，土壌は分極することになる．土壌のように，線形，等方性の誘電体の場合，分極ベクトル $\underline{P}$ は $\underline{E}$ に正比例し，$\underline{E}$ と同じ方向を示す．比例係数は物質の電気磁化率 (electrical susceptibility)(ε-1) である．もし $\underline{E}$ が時間の関数なら，$\underline{P}$ も時間の関数である．これはプレートから，またはプレートへの拘束電荷 (bound charge) の移動を起こす．結果として生じた電流は，計測され $\underline{P}$ の関数になる．巨視的スケールの $\underline{E}$, $\underline{P}$, ε の間の関係は次式で与えられる．

$$\underline{P} = \varepsilon_0(\varepsilon - 1)\underline{E} \tag{2.35}$$

もし 2 つの誘電体からなる媒体に電場を印加すると，誘電率の違いによって，2 つの誘電体のうちの 1 つの $\underline{E}$ の振幅は他方の振幅とは異なる．図 2.9 に示すように，2 つの誘電体の界面を通過する電場線の屈折によって，$\underline{E}$ の方向は変化する．

重ね合わせの原理を用い，Böettcher [1952] と Reynolds [1955] によって論じられた仮定と注釈を考慮すると，すべての成分の総和 $\overline{\underline{E}}$ は与えられた電場と同じ方向と同じ振幅をもつと思われる．普通の土壌の微視的構造はこの意見を十分に正当化するほど非等方性であると考えられる．以下では，i 番目の成分をもつ個々の含有物はランダムに数多く存在しかつ一様に分布しており，計測体積よりずっと小さいサイズであると仮定する．そうすると，この成分は，誘電率 ε_i，与えられた電界と同じ向きの平均電界強度 (mean electric field strength)$\overline{\underline{E}}_i$，平均分極 (mean polarization)$\overline{\underline{P}}_i$ をもつ微視的物体[*4]として扱われる．ε はベクトルでないので，$\underline{P}$ に対しても重ね合わせの原理が適用できることが (2.35) 式か

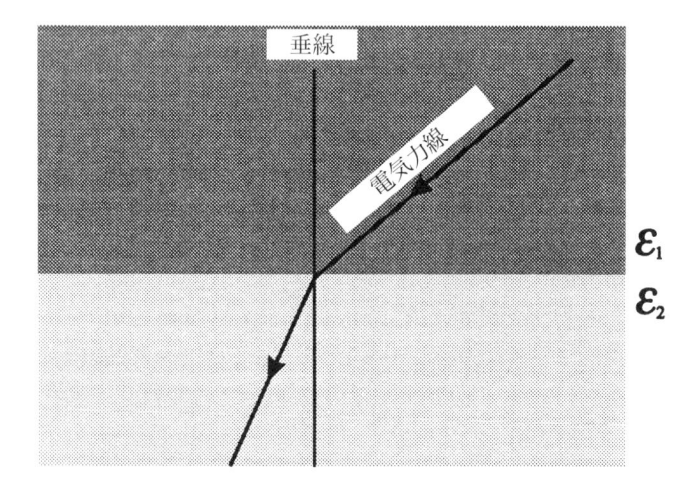

図 2.9 2 つの材質の誘電率に対して $\varepsilon_1 > \varepsilon_2$ である．2 つの誘電体の界面を通過する電気力線の屈折．

[*4] 訳注) 原書では「巨視的」とあるが，「微視的」の誤りであろう．

2.5 新誘電混合式の開発

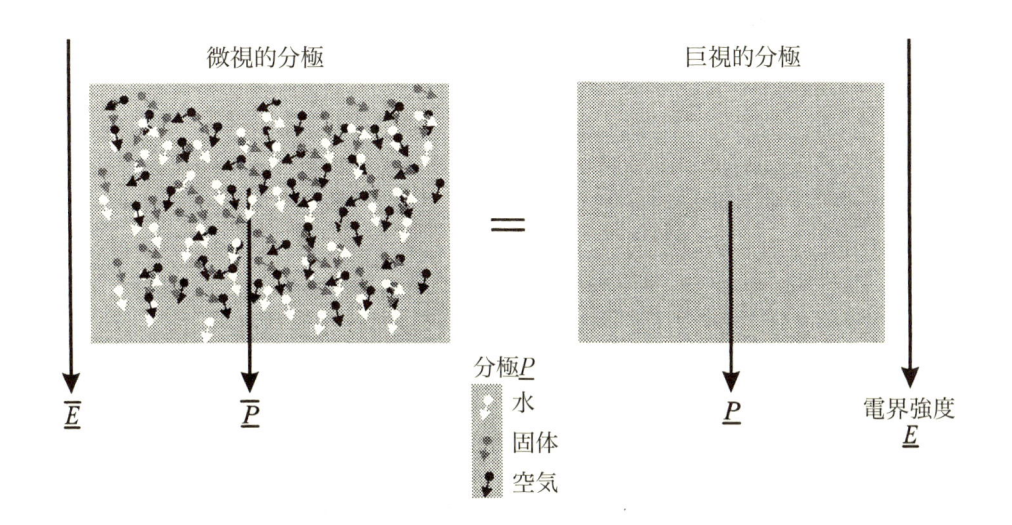

図 2.10 誘電率 ε_s をもつ粒子，誘電率 ε_w をもつ水，誘電率 ε_a をもつ空気の混合物に対する分極分布の表示．巨視的な分極 $\underline{P}$ と電界 $\underline{E}$ はどこでも等しく，それぞれ同じ向きの平均微視的分極 $\overline{\underline{P}}$ と平均電界 $\overline{\underline{E}}$ を持っている．

ら分かる．したがって，巨視的スケールでは，土壌は誘電率 ε，分極 $\underline{P}$，電界 $\underline{E}$ をもつ均質なものと考えられる．プレート間の土壌の分極は (2.25) 式で定義され，ε はその式から得られる．巨視的分極と微視的分極との関係は図 2.10 に示す．

体積 V の土壌中の体積分量 v_i を占める i 番目の成分を考えよう．ここで，v_i は無次元量である．この成分に対する微視的平均分極は $\overline{\underline{P}}_i$ である．この成分だけが体積 V の中に存在するとすれば，この体積に対する平均分極 $\overline{\underline{P}}$ は，

$$\overline{\underline{P}} = \overline{\underline{P}}_i v_i \tag{2.36}$$

土壌は n 個の成分を含んでおり，各成分は体積分量 v_i と微視的平均分極をもっている．土壌の巨視的平均分極は，

$$\overline{\underline{P}} = \sum_{i=1}^{n} \overline{\underline{P}}_i v_i \tag{2.37}$$

ここで，すべての体積画分の総和は $\sum_{i=1}^{n} v_i = 1$ である．(2.35) 式を用いて，各成分を (2.37) 式に代入すると，

$$\overline{\underline{P}} = \sum_{i=1}^{n} \varepsilon_0 (\varepsilon_i - 1) \overline{\underline{E}}_i v_i \tag{2.38}$$

巨視的スケールの分極 $\underline{P}$ は微視的スケールの平均分極 $\overline{\underline{P}}$ の総和に等しい．(2.35) と

(2.38) 式から，

$$(\varepsilon - 1)\underline{E} = \sum_{i=1}^{n} (\varepsilon_i - 1)\overline{E}_i v_i \tag{2.39}$$

プレート間の座標系は y 方向がプレートに垂直に選ばれる．その場合，x と z 軸はプレートに平行である．前に説明したように，$\underline{E}$ と $\overline{E}_i$ は同じ方向，すなわち y 軸に向くと仮定される．x と z 成分はゼロである．そうすると場のベクトルがスカラー，すなわち E と $\overline{E}_i$，として取扱われるようになる．これによって，次式で定義される関数 S_i が導入できる．

$$S_i = \frac{\overline{E}_i}{E} \tag{2.40}$$

S_i の効果は脱分極[*5]に類似している．したがって，S_i は誘電脱分極係数 (dielectric depolarization factor) と呼ばれる．(2.39) 式に S_i を代入すると，最終的に新しい混合式 (new mixture equation) が得られる．

$$(\varepsilon - 1) = \sum_{i=1}^{n} (\varepsilon_i - 1)S_i v_i \tag{2.41}$$

この式では S_i は理論か実験で決定される．S_i と v_i は 0 と 1 との間の値をもつので，$(1 - \sum_{i=1}^{n} S_i v_i)$ もそのような値となる．(2.41) 式で $(1 - \sum_{i=1}^{n} S_i v_i)$ を無視することによって生じる誤差は 1 以下である．これは飽和に近い土壌の値 $\varepsilon > 25$ に比べて小さい．乾燥土の脱分極係数は，成分の誘電率の差が小さいため，1 に近い．乾燥土で生じる誤差は $\ll 1$ である．本論文では，1 以下の誤差は許容できるものと見なしているので，(2.41) 式は近似的に

$$\varepsilon \approx \sum_{i=1}^{n} \varepsilon_i S_i v_i \tag{2.42}$$

とすることができる．

他の混合式との比較

以下では，混合式 (2.41) とその近似式 (2.42) を他の著者によって得られたいくつかの等価な混合式と比較する．ここでは，それらの相違点と類似点について述べる．

$S_i = 1$ の場合，新しい混合式は流体の混合に対して熱力学的に Silberstein [1895] によって導かれた式と驚くほどよく一致している．彼は，平行プレートのコンデンサの電界をまたいで広がっている半透膜の一方の側で混合を考えている．その膜のもう一方の側では，混合中の成分の 1 つが純粋な形で存在する．また，彼は熱力学的エネルギーと電気エ

[*5] 訳注）分極した状態から分極していない状態に向って変化すること．(http://green.ap.teacup.com /nonki-hoten/30.html)

2.5 新誘電混合式の開発

ネルギーとが独立であると仮定している．系の熱力学的平衡を考えると，純水成分の無限に微小な体積が膜を通過して混合物を希釈する場合，S_i を 1 に置いた (2.41) 式と同じ式になることを見出した．流体の場合 $S_i = 1$ になることは，電界が与えられると流体の種々の成分分子が同じ電界を受けることから導かれる．このスケールでは電場の屈折はない．各分子の分極は印加された電界から直接的に得られたものである．しかし，土壌では分子群内の 1 つの分子がまるで粒子のように屈折した電場を受ける．

公表された別のグループの混合式は，バーチャックの"経験モデル"に基づくものである [Birchak et al., 1974].

$$(\varepsilon)^\alpha = \sum_{i=1}^{n} (\varepsilon_i)^\alpha v_i \tag{2.43}$$

ここで，指数 α は平均形状や場の屈折に対して修正される経験定数で，脱分極係数 S_i と等価である．$S_i = 1$ の場合，混合式 (2.42) は $\alpha = 1$ の場合の (2.43) 式と類似している．$\alpha = 1$ の場合，混合式 (2.43) は各成分の誘電率の体積割合を合計したものになる．この場合その物質はコンデンサの並列結合としてモデル化される．$\alpha = -1$ の場合，このモデルはコンデンサの直列結合になる．α の 1 と -1 の値は極端な場合を考えたものであり，図 2.11 に示される．他のすべての成分の配向はそれらの間に入る．$\alpha = 0.5$ の場合，混合式 (2.43) は"屈折率混合"モデル (refractive index mixing model) と似たものになる．この α 値は Heimovaara [1993], Whalley [1993], White et al. [1952], その他の研究者によって提案されている．Whalley は $\alpha = 0.5$ に物理的基礎を置いている．これらの著者の主な結論では，屈折率モデルに基づくと，$\sqrt{\varepsilon}$ は水分量 θ の線形関数として考えられ，2 つのパラメータで表現できることである．しかし，分極物質に対する屈折率混合モデルは近似的に真であるに過ぎない．(2.43) 式と (2.41) 式との違いは，土壌混合物の誘電挙動の微視的構造分析や成分分析を行う場合，α が物理的意味を持たないことを示している．

Philip [1897] は，流体に対して屈折率モデルを導いた．彼はマックスウェルの関係式 $n^2 = \varepsilon$ を用いている．ここで，n は光の屈折率である．Philip は，物質に磁気がないと仮定し，2 つの物質の場合に対して添字 1, 2 で表し，次の混合式を得た．

$$(\sqrt{\varepsilon} - 1) = (\sqrt{\varepsilon_1} - 1)v_1 + (\sqrt{\varepsilon_2} - 1)v_2 \tag{2.44}$$

あるいは屈折率を用いて，

$$(n - 1) = (n_1 - 1)v_1 + (n_2 - 1)v_2 \tag{2.45}$$

Philip は，計測した流体の誘電率から各成分の誘電率を計算するとき，このモデルを利用すると誤差が生じ易いことを示した．ε_1 と ε_2 の値が小さいとき，(2.44) 式は，次式のように近似できるため，(2.44) 式は $S_i = 1$ の場合の新混合式 (2.41) 式と近似的に等価になる．

$$(\varepsilon - 1) = (\sqrt{\varepsilon} + 1)(\sqrt{\varepsilon} - 1) \approx 2(\sqrt{\varepsilon} - 1) \tag{2.46}$$

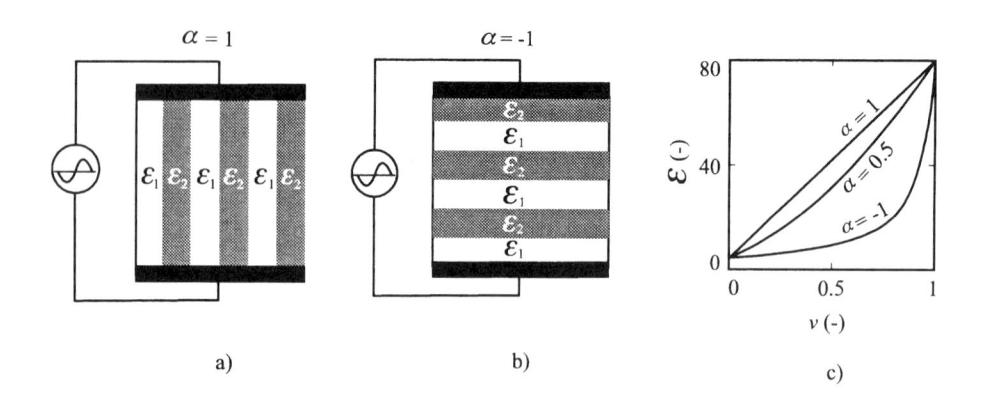

図 2.11 **2**つの極端な場合, $\alpha=1$ と $\alpha=-1$ に対するバーチャックのモデル [**Birchak et al.1974**] **(2.43)** 式. $\alpha=1$ に対する電気的等価なものは, **a)** で与えられ, $\alpha=-1$ に対しては **b)** で与えられる. **c)** のグラフは ε と体積分率 v との関係を示している. $\alpha=0.5$ の場合は屈折率モデルと呼ばれている.

(2.46) 式の近似的誤差は, $\varepsilon \leq 1.4$ の場合 10% 以下であり, $\varepsilon \leq 2.3$ の場合 20% 以下である.

したがって, 光の屈折率モデルは誘電混合に近似的にしか適用できない. ここで, ε はおよそ 2 以下である. 土壌の場合は, $\varepsilon \gg 2$ である. したがって, 屈折率混合モデルの使用は誤差を生じ易く, ε に対して n^2 を代入すると混乱が生じる. $\alpha=0.5$ に対する厳密な理論的基礎がないために, $\sqrt{\varepsilon}$ の代わりに屈折率を用いるのは不適切である.

De Loor [1990] は, ε の代わりに, θ に対して n を関連づけている. 彼の提案はリモートセンシング (RS) や TDR を用いた計測のように, 電磁波の伝播や屈折に基づくもので根拠が確かである. 屈折率の項は, この目的の場合だけ利用できる. もちろん, 精度を考えなければ, 校正曲線で n や $\sqrt{\varepsilon}$ を用いることに反対する気はない.

$\alpha=0.65$ [Dobson and Ulaby, 1985], $\alpha=0.5$ と $\alpha=0.33$ [Landau and Lifshitz, 1960] の場合文献で示されたように, 実験値とバーチャックのモデルとの合理的な一致は偶然であり, 計測周波数の選択によるものと思われる. 周波数が低いほど, 2.2 節で述べたように結合水の効果によって, α は高くなる. これらほとんどのデータは TDR(150 MHz 以上) と RS (1 GHz 以上) から得られている. $\theta \approx 0.33$, $\varepsilon_w = 80$, ガラスビーズの $\varepsilon_s \approx 5$ として, (2.43) 式から計算した誘電率は, $\alpha=1$ で $\varepsilon \approx 30$, $\alpha=0.5$ で $\varepsilon \approx 20$, $\alpha=0.33$ で $\varepsilon \approx 15$ になる. 20°C の温度の水で飽和した 0.2 mm の径 (0.16-0.26 mm) のガラスビーズの場合, 著者は 20 MHz のとき $\varepsilon=28$ になることを見出した. 0.03 mm の径 (0.01-0.06 mm) のガラスビーズの場合, $\varepsilon=26$ になった.

結論

土壌の各成分に対し，混合式 (2.41) 中の脱分極係数 S_i を導入する方法は，私見では，巨視的スケールで計測した土壌プレートの誘電特性を，微視的スケールの特性に関係づけるもっとも正確で有効な方法である．土壌を解析するために屈折率混合モデルを使用すると，結果に誤差が生じるので，ε に n^2 を代入することは混乱を招く．

バーチャックモデル [Birchak et al., 1974] の経験定数とは対照的に，S_i は土壌中の電場の屈折と関係があり，それはまたその微視的構造と成分の特性に関係する．(2.41) 式の近似である (2.42) 式は精度が高いので，本研究でも使用する．

2.6 土壌の誘電率

前節において，誘電特性が土壌の成分特性，及び構造 (texture) 特性といかに関係しているかについて説明した．その理論では，1 MHz から 20 GHz の周波数領域にわたって説明している．しかし，前節で述べた理論の個々の部分同士は関係づけられていない．本節では今まで述べた理論のすべての側面を含むモデルを構築する．このモデルでは，土壌科学に共通ないくつかのパラメータと土壌の誘電特性との関係を構築する．

土壌の誘電挙動を表すモデル

2.4 節において，土壌成分個々の重みつき誘電率の和と計測した誘電率 ε とを関係づける混合式を導いた．この重みつき係数，あるいは脱分極係数 S_i は水膜の形状変化に依存し，水分量の関数 $S_i(\theta)$ である．各成分 (i 番目)，すなわち空気，固相，土壌粒子表面の各連続した水膜に対して，それぞれの脱分極係数がある．したがって，(2.42) 式は次のように書ける．

$$\varepsilon \approx \sum_{i=1}^{n} \varepsilon_i S_i(\theta) v_i \qquad (2.47)$$

2.3 節で述べた対イオン分極は本論文では無視しているが，(2.7) 式のような他の分極成分では考慮する．マックスウェル・ワグナー効果は実際には分極現象でないので，(2.47) 式の総和の中には一つの項として含まれていない．まず，計測した分極現象による誘電率 ε_p を詳細に調べる．つぎに，マックスウェル・ワグナー効果による見かけの誘電率を考える．

土壌は固相，水，空気の混合物である．(2.47) 式を用いると，土壌の ε_p はそれらの成分の誘電率の総和として表される．

$$\varepsilon_\mathrm{p} = S_\mathrm{w}(\theta)\theta\varepsilon_\mathrm{w} + S_\mathrm{s}(\theta)(1-\phi)\varepsilon_\mathrm{s} + S_\mathrm{a}(\theta)(\phi-\theta)\varepsilon_\mathrm{a} \qquad (2.48)$$

ここで，土壌の間隙率は ϕ で与えられ，ε_w は水の誘電率，ε_s は固相の誘電率，ε_a は空気の誘電率である．$S_\mathrm{w}(\theta)$，$S_\mathrm{s}(\theta)$，$S_\mathrm{a}(\theta)$ はそれぞれ水，固相，空気の脱分極係数である．

記号 θ はエネルギー状態に関係なく,全水分量を表す. ε_w が一定ならば,混合式 (2.48) は妥当である.それは,土壌水の緩和周波数に関して,非常に高いか非常に低い周波数で真である.その場合,$S_\mathrm{w}(\theta)$ はそれぞれの水の各層に対して等しくなる.

2.2 節で説明したように,水分子のエネルギー状態は土壌粒子からの距離の関数である.マトリック圧 p_m と誘電緩和周波数 $f_\mathrm{w\,r}$ はともに水分子のギブスの自由エネルギーと関係がある.これに基づくと,(2.15) 式で与えられる $f_\mathrm{w\,r}(p_\mathrm{m})$ を見出すことができる.θ と p_m との関係は土壌水分特性 (soil water retention characteristic) と呼ばれている.それは土壌マトリックスの水結合特性の大きさを表す.土壌マトリック圧 p_m をもつ無限に薄い水の層を考えよう.この層に対する微分水分容量 (differential water capacity)[Koorevaar et al., 1983] は $g(p_\mathrm{m}) = \mathrm{d}\theta/\mathrm{d}p_\mathrm{m}$ で定義される.すなわち,土壌水分特性曲線の一階微分である.水の体積分率は $\mathrm{d}\theta = g(p_\mathrm{m})\mathrm{d}p_\mathrm{m}$ である.土壌の水の層の誘電率は周波数 f の関数である.この関数を見出すため,デバイの緩和関数 (2.6) 式に $f_\mathrm{w\,r}(p_\mathrm{m})$ を代入しなければならない.一つの水膜層の誘電率が土壌の巨視的誘電率に与える影響は,(2.47) 式にしたがうと $\mathrm{d}\theta$ と $S_\mathrm{w}(\theta)$ に依存する.したがって,(2.6) 式の $f_\mathrm{w\,r}(p_\mathrm{m})$ を用い,(2.47) 式を考えると,マトリック圧 p_m をもつ水の層から生じる巨視的誘電率 ε_w は次のように表される.

$$\varepsilon_\mathrm{w}(p_\mathrm{m}) = \left[S_\mathrm{w}(\theta) \frac{\Delta\varepsilon}{1+\mathrm{j}f/f_\mathrm{w\,r}(p_\mathrm{m})} + S_{\mathrm{w}f\to\infty}(\theta)\varepsilon_{\mathrm{w}f\to\infty} \right] g(p_\mathrm{m})\mathrm{d}p_\mathrm{m} \tag{2.49}$$

ここで,$S_{\mathrm{w}f\to\infty}(\theta)$ は,$\varepsilon_{\mathrm{w}f\to\infty}$ による電界の不連続性の影響を表す.$p_\mathrm{m}(\theta=0)$ から $p_\mathrm{m}(\theta)$ まで水のすべての層の影響を見出すため,(2.47) 式によって個々の影響が集められる.水の層が無限に薄い場合,この総和は,積分で置き換えなければならない.

$$\varepsilon_\mathrm{w} = \int_{p_\mathrm{m}(\theta=0)}^{p_\mathrm{m}(\theta)} \left[S_\mathrm{w}(\theta) \frac{\Delta\varepsilon}{1+\mathrm{j}f/f_\mathrm{w\,r}(p_\mathrm{m})} + S_{\mathrm{w}f\to\infty}(\theta)\varepsilon_{\mathrm{w}f\to\infty} \right] g(p_\mathrm{m})\mathrm{d}p_\mathrm{m} \tag{2.50}$$

$S_\mathrm{w}(\theta)$, $S_{\mathrm{w}f\to\infty}(\theta)$, $\varepsilon_{\mathrm{w}f\to\infty}$ が p_m の関数でないと考えると,この式は次式になる.

$$\varepsilon_\mathrm{w} = S_\mathrm{w}(\theta) \int_{p_\mathrm{m}(\theta=0)}^{p_\mathrm{m}(\theta)} \frac{\Delta\varepsilon}{1+\mathrm{j}f/f_\mathrm{w\,r}(p_\mathrm{m})} g(p_\mathrm{m})\mathrm{d}p_\mathrm{m} + S_{\mathrm{w}f\to\infty}(\theta)\theta\varepsilon_{\mathrm{w}f\to\infty} \tag{2.51}$$

(2.48) 式に (2.51) 式を代入すると,

$$\begin{aligned}\varepsilon_\mathrm{p} = &\ S_\mathrm{w}(\theta) \int_{p_\mathrm{m}(\theta=0)}^{p_\mathrm{m}(\theta)} \frac{\Delta\varepsilon}{1+\mathrm{j}f/f_\mathrm{w\,r}(p_\mathrm{m})} g(p_\mathrm{m})\mathrm{d}p_\mathrm{m} + S_{\mathrm{w}f\to\infty}(\theta)\theta\varepsilon_{\mathrm{w}f\to\infty} \\ &+ S_\mathrm{s}(\theta)(1-\phi)\varepsilon_\mathrm{s} + S_\mathrm{a}(\theta)(\phi-\theta)\varepsilon_\mathrm{a}\end{aligned} \tag{2.52}$$

(2.52) 式を用いれば,土壌水分特性から誘電スペクトルが計算でき,その逆である誘電スペクトルから土壌水分特性の計算も可能である.

2.2 節で説明したように,ε_p' と土壌水分特性との関係は図 2.12 に示される.土壌水分特性曲線は通常 $p_\mathrm{m}(\theta)$ で表されることに注意しよう.周波数の関数としての誘電率は水

2.6 土壌の誘電率

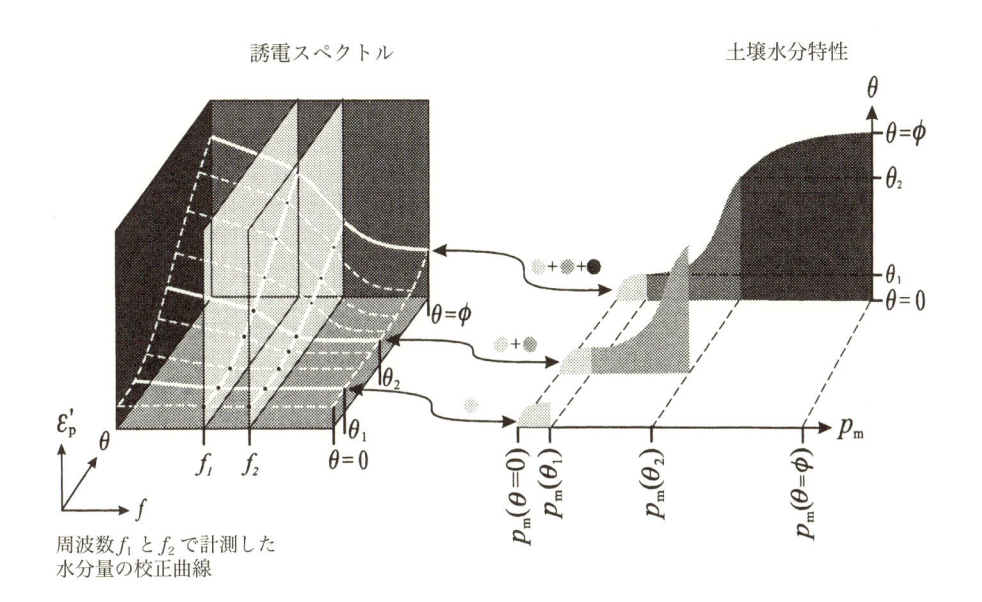

誘電スペクトル　　　　　　　　　土壌水分特性

図 2.12　土壌水分特性 $p_m(\theta)$ と誘電スペクトル $\varepsilon_p(f,\theta)$ との関係表示．誘電スペクトルから，別々に測定された周波数 f_1, f_2 に対する校正曲線 $\varepsilon_p(\theta)$ を得ることができる．

分量が θ_1, θ_2, $\theta = \phi$ のときの 3 つの曲線で与えられる．2 つの計測周波数，例えば FD による f_1 (20 MHz) と TDR による $f_2 (\approx 150 \text{ MHz})$，の土壌水分計測に対して 2 つの校正曲線，$\varepsilon'(\theta)_{f1}$ と $\varepsilon'(\theta)_{f2}$ が与えられる．

脱分極係数の推定

(2.52) 式から $\varepsilon'_p(\theta)_{f=\text{constant}}$ あるいは $\varepsilon'_p(f)_{\theta=\text{constant}}$ を計算するため，$S_i(\theta)$ 値を知る必要がある．それらは経験的に決定される．半径が 0.2 mm 以上の大きさのガラスビーズを考えよう．この大きさのガラスビーズでは，マックスウェル・ワグナー効果は無視される．ガラスビーズ，空気，水に対する 20°C のときの誘電特性は，それぞれ，$\varepsilon_s = 5$, $\varepsilon_a = 1$, $\varepsilon_{wf \to 0} = 80.2$, $\varepsilon_{wf \to \infty} = 5.6$ である．極端に低い周波数の場合，極端に高い周波数の場合，および乾燥土だけの場合は，脱分極係数 $S_i(\theta)$ は (2.52) 式の極端な場合すなわち飽和状態から得られる．

$\underline{S_a(\theta)}$：乾燥土の場合，S_a は ε_a と ε_s との差によって決定される．空気は連続相で，$\varepsilon_a < \varepsilon_s$ であるから，$S_a(\theta = 0) \approx 1$ である．湿潤土の場合，S_a は空気－水界面の ε_s と $\varepsilon_{wf \to 0}$ との差によって決定される．この場合においても，$\varepsilon_a < \varepsilon_{wf \to 0}$ である．したがって，$S_a(\theta) \approx 1$ を仮定して生じる誤差は小さい．$\theta \to \phi$ の場合，間隙中の空気は消え，誤

差はゼロになる．任意の水分量に対して $S_\mathrm{a}(\theta) = 1$ を仮定して得られる誤差はほとんどゼロと見なされる．

$\underline{S_\mathrm{s}(\theta) \text{ と } S_{\mathrm{w}f\to\infty}(\theta)}$: $\theta = 0$ の乾燥土の場合，(2.52) 式は

$$\varepsilon_\mathrm{p} = S_\mathrm{s}(0)(1-\phi)\varepsilon_\mathrm{s} + \phi\varepsilon_\mathrm{a} \tag{2.53}$$

乾燥ガラスビーズの場合，$\varepsilon_\mathrm{p} = 3.7$ が計測された．これは $S_\mathrm{s}(0) \approx S_\mathrm{s}(\phi) \approx 1$ が近似的に成り立つことを示している．次に，結合水緩和に対して飽和土壌（$\theta = \phi$）と $f \gg f_{\mathrm{w}\,\mathrm{r}}$ の場合を考えよう．実際の状況では $\varepsilon_{\mathrm{w}f\to\infty} \approx \varepsilon_\mathrm{s}$ と仮定する．そのとき，$\varepsilon_\mathrm{p} \approx \varepsilon_{\mathrm{w}f\to\infty}$ となる．この場合，電界の不連続性は存在しない．したがって，$S_\mathrm{s}(\phi) = S_{\mathrm{w}f\to\infty}(\phi) = 1$ となる．

$\underline{S_\mathrm{w}(\theta)}$: $\theta = \phi$ の場合，水－固相界面でだけ屈折が生じる．$\phi > \theta > 0$ のとき，水－固相界面の屈折特性は，水分子の最後の層が蒸発するまで影響を受けず，脱分極係数 S は一定になる．粒子を覆う水膜の形と厚さは水分量によって変化し，脱分極係数 $S(\theta)$ は変化する．このことから，脱分極係数 $S_\mathrm{w}(\theta)$ に対するモデルを推定することができる．$S_\mathrm{w}(\theta)$ を θ 依存部 $S(\theta)$ と一定部 S とに分割しよう．

$$S_\mathrm{w}(\theta) = S(\theta)S \tag{2.54}$$

$\theta = \phi$ の場合のガラスビーズにおける実験から，$\phi = 0.331$，$\varepsilon' = 28.5$ であることが分かった．これらの値から (2.48) 式によって $S_\mathrm{w}(\phi) \approx 1$ が計算できる．$S = (1/3)$ と思われる．これは Reynolds[1955] と De Loor[1956] によって表されたランダムな方向の回転長球体の場合の形状係数に近い値である．土壌粒子周辺の水膜の形状が未知であるため，$S(\theta)$ を決定することは困難である．しかし，提案した式

$$S(\theta) = \frac{1}{2\phi - \theta} \tag{2.55}$$

はガラスビーズで計測された $\varepsilon'_\mathrm{p}(\theta)$ とよい一致を示した．S と $S(\theta)$ を (2.54) 式に代入すると，

$$S_\mathrm{w}(\theta) = \frac{1}{3(2\phi - \theta)} \tag{2.56}$$

周波数を $f \ll f_{\mathrm{w}\,\mathrm{r}}$ とし，脱分極係数を代入すると，(2.52) 式は

$$\varepsilon_\mathrm{p} = \frac{1}{3(2\phi - \theta)}\theta\Delta\varepsilon_\mathrm{w} + \theta\varepsilon_{\mathrm{w}f\to\infty} + (1-\phi)\varepsilon_\mathrm{s} + (\phi - \theta)\varepsilon_\mathrm{a} \tag{2.57}$$

表 2.3 において，20 MHz でガラスビーズに対して計測した誘電率と，(2.57) 式で計算した誘電率との比較を行っている．

2.6 土壌の誘電率

表 2.3 **20 MHz** で計測した水分量の関数としてのガラスビーズの誘電率と，**(2.57)** 式によって計算した誘電率．

体積含水率 θ (-)	誘電率 ε'_p(計測値) (-)	ε'_p(計算値) (-)
0.0	3.71	3.68
0.11	9.57	9.34
0.19	14.92	14.69
0.23	17.65	18.32
0.27	23.00	21.80
0.33	28.54	30.22

文献のデータと **(2.52)** 式との比較

S_i 係数に対するこの経験的及び仮説的決定法の妥当性は，文献から得られるデータと (2.52) 式から計算されるデータとを比較することによって検証できる．計算は，それぞれ $\varepsilon_s = 4$, $\varepsilon_a = 1$, $\varepsilon_{wf \to 0} = 80.2$, $\varepsilon_{wf \to \infty} = 5.6$ で行った．

Topp *et al.* [1980] によって発表されたデータから 2 つのケースを選択した．最初のケースは一般に受け入れられている Topp による TDR の校正式である．それは一般に砂に対しては妥当であり，多くの砂質ロームや粘質土壌に対する平均値を表している．

$$\varepsilon_{\text{average soil}} = 3.03 + 9.3\theta + 146\theta^2 - 76\theta^3 \tag{2.58}$$

第 2 のケースはバーミキュライトに対してだけ成り立つ式である．

$$\varepsilon_{\text{vermiculite}} = 2.45 + 1.8\theta + 83.1\theta^2 - 22.2\theta^3 \tag{2.59}$$

"平均土壌" の間隙率は $\phi \approx 0.46$ であり，バーミキュライトの間隙率は $\phi = 0.56$ であった．Topp の TDR 装置の場合，波形は得られない．Topp との個人的交通から，$\tau = 1$ ns の立ち上がり時間がよい推定値であることが分かった．(2.58), (2.59) 式が妥当となる，等価な計測周波数は $f = 1/(2\pi\tau) = 150$ MHz である．表 2.4 に従う水分特性曲線データは Topp によって与えられたのでなく，教科書 [例えば，Koorevaar, 1963] にしたがって推定した．表 2.4 の土壌水分特性式をプロットしたものを図 2.13 に示している．

表 2.4 のデータは積分の使用が許されないので，k 個の水膜層の寄与を合計したもので与えられている．各層は平均土壌マトリックス圧 $\dfrac{p_{m\,i} + p_{m\,(i-1)}}{2}$ と水分量 $\theta_i - \theta_{i-1}$ を

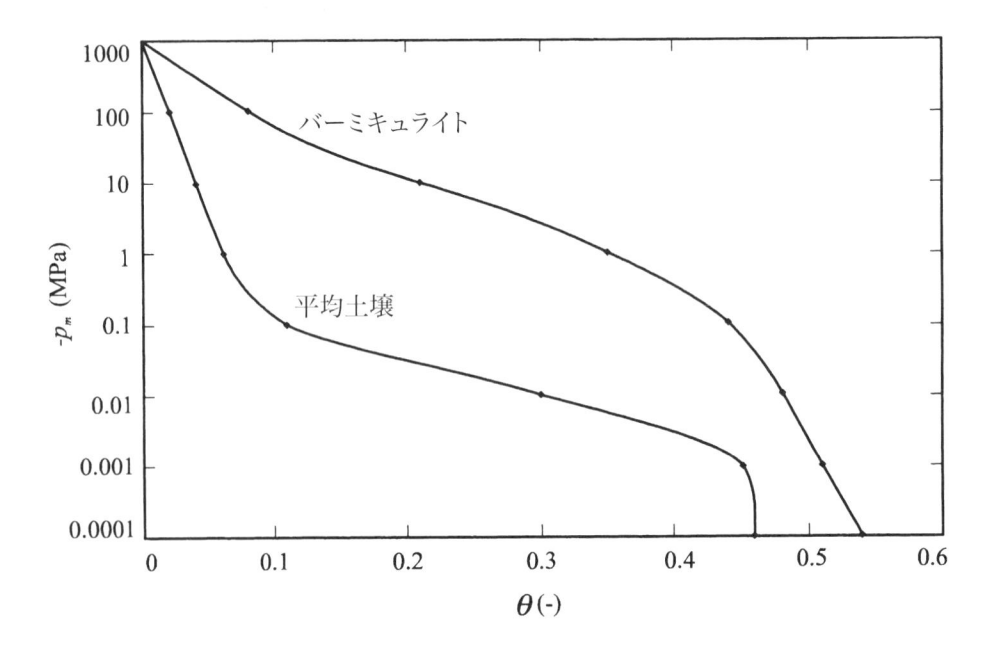

図 2.13　Topp[1980] によって使用された土壌に対し，表 2.4 に従って推定した土壌水分特性曲線 $p_\mathrm{m}(\theta)$ のプロット．

もっている．S_w, S_s, S_a を代入すると，計測周波数 f のときの土壌水分 θ_k に対する表示を得る．

$$\varepsilon_\mathrm{p}(\theta_k) = \frac{1}{3(2\phi - \theta_k)} \sum_{i=1}^{k} \frac{(\varepsilon_{\mathrm{w}f \to 0} - \varepsilon_{\mathrm{w}f \to \infty})}{1 + \mathrm{j}\dfrac{f}{f_{\mathrm{w\ r0}} \exp\left(\dfrac{(p_{\mathrm{m}i} + p_{\mathrm{m}(i-1)})}{2}\dfrac{V}{RT}\right)}} (\theta_i - \theta_{i-1})$$
$$+ \theta_k \varepsilon_{\mathrm{w}f \to \infty} + (1 - \phi)\varepsilon_\mathrm{s} + (\phi - \theta_k)\varepsilon_\mathrm{a} \tag{2.60}$$

ここで，k は表 2.4 の特定の θ-p_m ペアーを表し，i は $i = 1$ から $i = k$ までの連続した θ-p_m のペアーを表す．図 2.14 には，(2.60) によって計算された $\varepsilon'_\mathrm{p}(\theta)$ の結果が，Topp のデータとともに与えられている．この計算では，f は一定に，θ は変数で取られている．計算した曲線と計測曲線とが合理的に一致していることから，S_i に対して得られた値は妥当と言える．それはまた，広範囲の土壌に対する S_i 値の妥当性を示している．θ が一定で，f が 1 MHz から 100 MHz まで変化するとき，(2.60) 式から得られるこれらの土壌の誘電スペクトルを図 2.15 に示す．水分特性曲線は推定値であるから，図 2.14 と図 2.15 は定性的な表示にすぎない．

2.6 土壌の誘電率

表 2.4 **Topp** *et al.* **[1980]** によって使用された，2 つの土壌に対して推定した土壌マトリック圧と水分量との関係．

データセット番号 k	土壌のマトリック圧 p_m (MPa)	体積含水率 $\theta_{\text{average soil}}$ (-)	$\theta_{\text{vermiculite}}$ (-)
1	-1,000	0	0
2	-100	0.02	0.08
3	-10	0.04	0.21
4	-1	0.06	0.35
5	-0.1	0.11	0.44
6	-0.01	0.30	0.48
7	-0.001	0.45	0.51
8	-0.0001	0.46	0.54

簡略化

ここまでは，緩和周波数 f_r が緩慢に変化すると仮定していた．$p_m \approx -100$ MPa あるいは $f_r = 8$ GHz (図 2.4 を見よ) で生じる $f_r(p_m)$ の比較的急激な遷移部では，(2.60) 式の簡略化が考えられる．水分量を"自由水"と"吸着水"とに分けよう．自由水は添字 f で表示し，吸着水は添字 h で表す．吸着水の場合，$f_{hr} \ll f$，自由水の場合 $f_{fr} \gg f$ と仮定する．ε_p に対する吸着水分 θ_h の寄与は $\varepsilon_{hf \to \infty} = \varepsilon_{wf \to \infty}$ による分だけであり，それはすでに $\theta_i \varepsilon_{wf \to \infty}$ の項に含まれている．ε_p に対する自由水分の寄与は，$\varepsilon_{ff \to 0} = \varepsilon_{wf \to 0}$ による分にすぎない．これらの仮定をすると，(2.60) 式の実部は $\theta > \theta_h$ の制限内で次式になる．

$$\varepsilon'_p(\theta_k) = \frac{(\theta - \theta_h)}{3(2\phi - \theta)}(\varepsilon_{wf \to 0} - \varepsilon_{wf \to \infty}) + \theta \varepsilon_{wf \to \infty} + (1 - \phi)\varepsilon_s + (\phi - \theta)\varepsilon_a \quad (2.61)$$

(2.61) 式によって計算された，$\theta_h = 0.08$ におけるバーミキュライトの場合のプロットを Topp の曲線と共に，図 2.16 に示している．第 4 章では，多くの実際の計測問題に (2.61) 式を適用する．

マックスウェル・ワグナー効果

これまでの研究では，水分量校正曲線，及び誘電スペクトルに対する結合水の影響だけを取扱ってきた．TDR の場合，マックスウェル・ワグナー効果の影響は小さいため，測

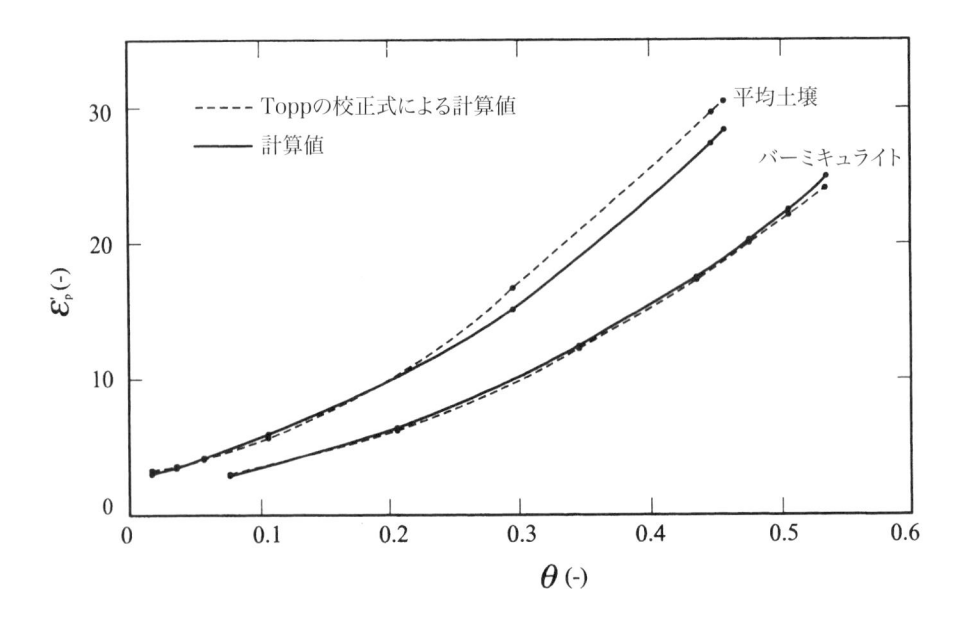

図 2.14　2 つの校正曲線 $\varepsilon'_\mathrm{p}(\theta)$ の比較．**Topp[1980]** による推定値と表 **2.4** のデータを用いた **(2.60)** 式による計算値．

定データと Topp 式との比較はかなり良好である．現実的には，Topp 式にマックスウェル・ワグナー効果が含まれているものとする．マックスウェル・ワグナー効果に対して直列モデル（2.4 節）を用いると，伝導度を無視した誘電体の直列結合によって，誘電体に対する高周波極限値 $\varepsilon_{\mathrm{MW}f\to\infty}$ が決定される．低周波極限値は，空気分率と固相分率による分極によって決定される．項 K は土性（texture）と間隙水のイオン伝導度を決定づける．K は固相を含む水の層の平均厚と固相自体の平均厚の割合である．

ε_MWs に対しては，空気の影響を含まねばならないし，ε_MWw に対しては脱分極係数を考慮しなければならない．水の層の厚さ，つまり水分量 θ は，K の中に含まれることに注意しよう．空気分率 $\theta - \phi$ は K に含まれていない．それは ε_MWs に含まれている．土壌の体積を平均化して，2.4 節で扱った全静電容量 $C_\mathrm{MW|}$ が，2.5 節で説明した不均質材料の誘電率から計算したものと同じであると仮定しよう．そのとき，マックスウェル・ワグナー効果の高周波極限値は

$$\varepsilon_{\mathrm{MW}f\to\infty} = \varepsilon'_\mathrm{p} \tag{2.62}$$

ここで，ε'_p は (2.61) 式で表される．(2.29) 式では，ε_MWs は ε'_p の固相と空気の項に等しい．(2.61) 式に表されるように，ε'_p に対して簡略化表示を用いると，ε_MWs は次式から導かれる．

$$\varepsilon_\mathrm{MW\,s} = (1-\phi)\varepsilon_\mathrm{s} + (\phi-\theta)\varepsilon_\mathrm{a} \tag{2.63}$$

2.6 土壌の誘電率

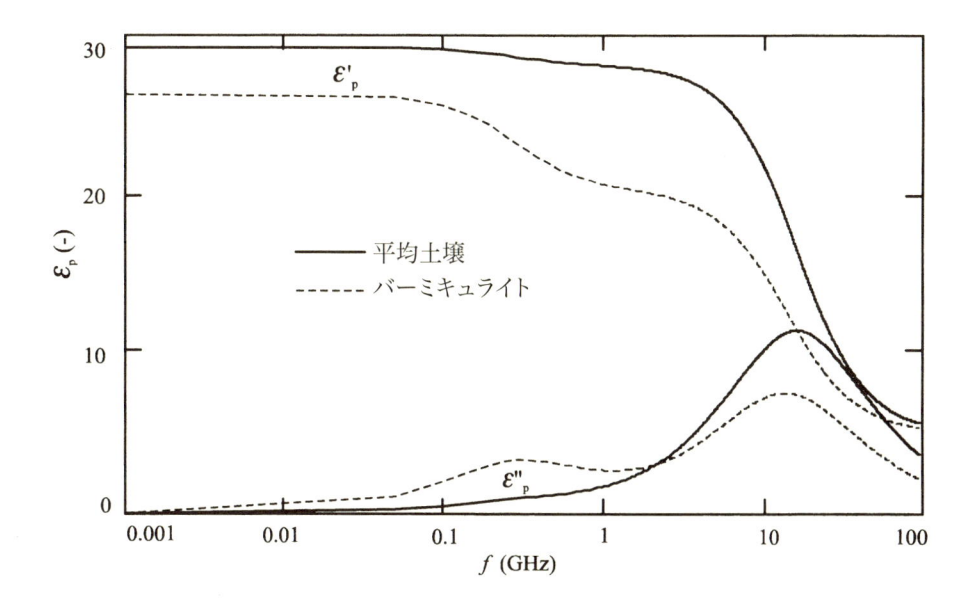

図 2.15 表 **2.4** と **(2.60)** 式で計算した，平均土壌とバーミキュライトに対する誘電スペクトル $\varepsilon_p(f)$ の比較．分極現象によって起こる飽和時の誘電率の実部 ε'_p と虚部 ε''_p を周波数の関数として示している．

さらに，(2.29) 式では，$\varepsilon_{\text{MW w}}$ は (2.61) 式における ε'_p の水の項に等しい．したがって，$\varepsilon_{\text{MW w}}$ は

$$\varepsilon'_{\text{MW w}} = \frac{1}{3(2\phi - \theta)} (\varepsilon_{\text{w}f \to 0} - \varepsilon_{\text{w}f \to \infty}) + \varepsilon_{\text{w}f \to \infty} \tag{2.64}$$

最後に，(2.63), (2.64) 式を (2.29) 式に代入すると，土壌の誘電率は次式で表される．

$$\varepsilon = \left[\frac{\dfrac{\varepsilon_{\text{MW s}}}{\varepsilon'_{\text{MW w}}}(K-1)}{1 + \mathrm{j}\dfrac{f}{f_{\text{MW r}}}} + 1 \right] \varepsilon'_p \tag{2.65}$$

ここで，ε'_p は (2.61) 式で表される．

　土壌水分量を予測するために (2.65) 式を用いるには，まず K が分かっていなければならない．K と土性との関係はまだよく定義されていない．したがって，本研究では，土壌の誘電特性に対して (2.65) 式を適用するつもりはない．それでも，(2.65) 式とその根底にある理論は土壌の誘電挙動に洞察を与えてくれる．このことは，コンクリートの誘電特性を用いて，4.5 節で実証する．コンクリートの誘電挙動は土壌の誘電挙動に非常に似ているが，すべての面で極端なものである．

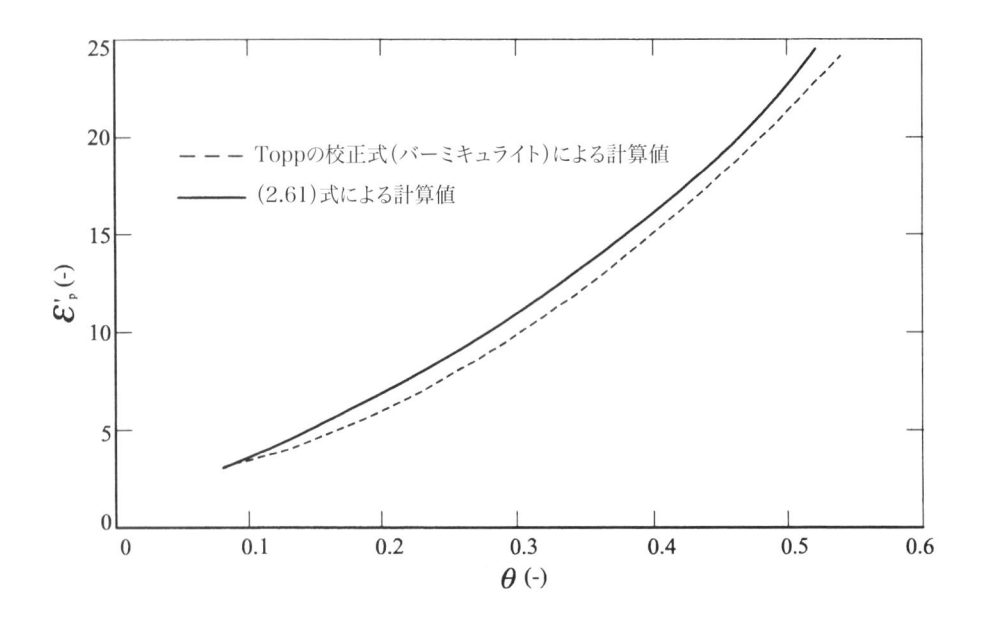

図 2.16 バーミキュライトの吸着水分量 $\theta_h = 0.08$ の場合における，分極現象で生じた誘電率の実部 ε'_p と水分量 θ との関係．実線は (**2.61**) 式で計算した．バーミキュライトの場合の **Topp** *et al.*[1980] による校正曲線 (**2.59**) 式が基準としてプロットされている．

考察と結論

本節では，土壌の誘電特性に対する新しいモデル (2.61) 式を表した．このモデルでは，土壌の誘電挙動に対して土壌科学で一般的に用いられるパラメータが関係づけられている．このようにすると，土壌の誘電挙動から土壌を特徴づけることが可能である．たとえば，誘電計測から，土壌水分量 θ，土壌のマトリック圧 p_m，間隙率 ϕ，土性の情報を導くことができる．誘電率は間隙率の関数であることが示される．任意の土壌の ϕ 値は通常未知である．このパラメータが分からなければ，校正曲線 $\varepsilon'(\theta)$ を予測することは不可能である．同じことが K や吸着水分量に対しても言える．Topp *et al.*[1980] によって見出された校正曲線は明らかに土壌の種類によって広がりがあることを示している．例えば，$\varepsilon' = 15$ が計測されたとすると，それに相当する θ はガラスビーズの $\theta = 0.2$ からバーミキュライトの $\theta = 0.4$ までの範囲に及ぶ．多くのケースで，いわゆる "Topp" の曲線が普遍でないことが指摘されてきた．また Dirksen and Dasberg [1993] と Dirksen and Hilhorst [1994] は，時間領域や周波数領域での研究において，"Topp" の曲線が普遍でないことを示した．したがって，± 0.1 より良好な θ の精度が必要ならば，注目している土壌の校正曲線 $\varepsilon'(\theta)$ を作成せざる得ない．

第 3 章

誘電土壌特性に対する新しいセンサー

　土壌の成分特性や土壌構造 (texture) 特性と，電気誘電率によって表される土壌の誘電挙動との関係については第 2 章で扱った．誘電率 ε は，複素量であり，物質を分極化する機能を表す．その実部 ε' は分極あるいはエネルギー貯留の大きさを表し，虚部 ε'' はエネルギー吸収や誘電損失の大きさを表す．理論的には，間隙，水分量，マトリックポテンシャル，土性，イオン濃度の大きさを表すのに，ε が利用できることを述べてきた．土壌のように，2 つの電極間の誘電体に対してよく知られているモデルは，損失コンデンサである．そのようなコンデンサの等価回路は，導線 G と並列にある，損失のないコンデンサ C からなる．C は，誘電体のエネルギー貯留の可能性を表し，ε' と関係づけられる．G は，誘電損失 ε''_d と同じく，イオン電導によるエネルギー損失を表す．C と G は電極間の複素インピーダンス Z の求積成分である．

　誘電計測には電気工学で一般に用いられる技術が使用される．従来，土壌の ε 計測に成功した装置の 1 つは，時間領域反射（TDR）に基づいている [Davis, 1975]．電送線は，土壌中に置かれた 2 つの平行なロッドによって形成されている．長波帯の波長を含む，電気パルス，あるいはステップ関数が 2 つの平行ロッド間を伝播し，その線の端で反射する．与えられた信号の移動時間と減衰が土壌の ε' と ε'' の尺度を表す．流行している TDR 装置は Tektronix のケーブル・テスターであり，とくに土壌水分計測を目指した装置は Soil Moisture Equipment Company のものがあり，伝播時間の計測にステップ関数を使用している．IMKO [1991] によって工夫されたセンサーは，インパルスの伝播時間を計測するものである．その伝播時間から，簡単な電子技術同様，純粋な電子技術によって反射波を検出することができる．ネットワーク・アナライザーを用いてフーリエ解析を行うと，TDR 計測を行うことができる．この目的のために，精度が高い，高レベルのアナライザーが市販されている (例えば，Hewlett Packard や Rohde and Schwartz)．一般に，TDR 装置は正確であるが，高価であり，熟練技師を要し，農業には適していない．したがって，現場

でのルーチン的な使用に対して誘電センサー技術を適用するには重大な障害がある．しかし，水分センサーへの要望が高いため，TDRは依然として計測に広く用いられている [Topp et al., 1982; Heimovaara, 1993；Whalley, 1993]．

最近まで，σが高いときに信頼できるεの計測は高周波 (radio frequency, RF) を用いたものであり，それは最新式の高価な室内実験装置を使用した場合に限られていた．Zを計測する最も古い装置はインピーダンス・ブリッジである．数多くのインピーダンス・ブリッジがFerguson[1953]によって評論されている．そのブリッジでは，注目している周波数を基準のインピーダンスと平衡させなければならない．さらに最近，室内実験用にベクトル電圧計と最新ネットワーク・アナライザーが入手できるようになった．この種の装置は一つ以上の数個の周波数領域 (frequency domain, FD) で威力を発揮する．そこでは，ロッドに（正弦波の）試験信号を与えて生じる振幅と位相のずれを計測する．その結果から，CとGが計算できる．現場での利用を目指し，さらに使いやすくしたFD装置は，振動の共鳴周波数の推移を利用することに基づいている [Babb, 1951; Tusky and Malicki, 1974; Wobschall, 1978; Hilhorst, 1984; Hilhorst et al., 1992; Heathman, 1993]．最近，立ち上がり波形や反射係数の計測技術を用いた別の現場装置が入手できるようになった [Delta-T,1995]．しかし，これらの方法は，電磁妨害[*1](electromagnetic interference, EMI) に対しては感度が鈍い．

TDRセンサーとFDセンサーは，θとσの計測においてそれらの機能が実証されてきた．今日まで，ほとんどの誘電センサーは，それらの高価格と利用の困難性のため研究目的に利用されてきた．一般に，潅漑計画にそれらのセンサーを利用しようと思う農業従事者は，それらの操作技術を十分に備えていない．さらに，土壌中の水分分布の不均一な性質のため，現場に対して種々のセンサーを利用した方が有利であるが，それはセンサーの価格に重大な問題を引き起こす．以下では，誘電土壌特性を計測する新しいセンサーについて述べる．誘電率の計測は分割した周波数における同期検波に基づいている．必要とするすべてのアナログとデジタルの電子技術は単一の実用特殊集積回路 (application-specific integrated circuit, ASIC) におさめられており，ASICは一つのチップで4つのチャンネルをもつベクトル・電圧計である．ASICを利用すると，大量生産によって低価格が保証される．

3.1節では，誘電センサーの一般的なモデルを述べる．3.2節では，水分計測用のASICの開発をシステムレベルで扱う．さらに，電極に関するいくつかの側面を扱い，最後に3.4節においては実証結果と共に完全なセンサーについて説明する．

[*1] 訳注) 他の電子機器などにより発生される電磁妨害波の影響の受けやすさをいう．
(http://www.kyoritsudenshi.co.jp/6joho/a1emiinfo.htm)

3.1 誘電センサーの一般的なモデル

本節では，多くの電子工学の話を簡潔に紹介しておこう．より広範な扱いに関しては，電子工学の教科書を参考にするとよい [例えば，Lorrain *et al.*, 1988; Balanis, 1989]．コンデンサ C の電極間に電気ポテンシャル U を印加すると，ある電荷 Q に置き換わり，交流を与えると一方の電極から他方の電極への流れが生じる．Q, U, C の関係は次式で与えられる．

$$Q = UC \tag{3.1}$$

置換された電荷は，時間 t の関数として，コンデンサを通る電流 i_C と関係づけられる．

$$Q = \int i_C(t) dt \tag{3.2}$$

時間の関数として変化する電極間のポテンシャル $u(t)$ は，交流電荷に置き換わり，交流 $i_C(t)$ を発生する．t_1 から t_2 までの間隔における $q(t)$ と $i_C(t)$ との関係は

$$q(t) = \int_{t_1}^{t_2} i_C(t) dt \tag{3.3}$$

$i_C(t)$ によってコンデンサ間で発生する電圧 $u(t)$ は次式で与えられる．

$$u(t) = \frac{1}{C} \int_{t_1}^{t_2} i_C(t) dt \tag{3.4}$$

コンデンサを通る電流が，**角振動数** (radian frequency) ω の正弦波，すなわち $i_C(t) = |i_C|\cos(\omega t)$，ならば，$u(t) = |u|\sin(\omega t)$ であることが (3.4) 式から分かる．$i_C(t)$ の振幅の位相は $u(t)$ に対して，90° 先に進んでいる．$i_C(t)$ は虚数であり，$ji_C(t)$ で表される．ここで，$j^2 = -1$ である．対照的に，導線間の電圧 $u(t) = |u|\sin(\omega t)$ はそれを通る電流，すなわち $i_G(t) = |i_G|\sin(\omega t)$，と同じ位相にある．ここで，$i_G(t)$ は実数である．同位相の成分だけが電力の散逸化あるいはエネルギー損失を起こすことに注意しよう．90° 位相が異なる成分はコンデンサにエネルギーを貯えたり，エネルギー損失を起こしたりする．導線とコンデンサとの並列結合を通る全電流は $i = i_G + ji_C$ のように複素表示で表される．

回路の**複素インピーダンス** (complex impedance) Z は $Z = u/i$ で定義される．本節においては，$Y = 1/Z = i/u$ で定義されるアドミタンス (admittance) を用いると便利なことが多い．以下では，式の理解のしやすさに応じて，Z か Y が用いられる．同位相の成分あるいは**コンダクタンス** (conductance) は $G = i_G/u$ で定義され，90° 位相分あるいは**サセプタンス** (susceptance)[*2]は $\omega C = i_C/u$ で定義される．これらの表示を用いると，Y は

[*2] 訳注) 交流回路において位相を変化させる要素であり，アドミタンスの虚数成分に等しい．
(http://en.wikipedia.org/wiki/Susceptance)

都合よく次のように書かれる．

$$Y = \frac{i_G}{u} + j\frac{i_C}{u} = G + j\omega C \tag{3.5}$$

Y は G に関しては，長さ $|Y| = \sqrt{G_2 + \omega C_2}$ と位相 $\alpha = \arctan(\omega C/G)$ の回転ベクトルによって，複素インピーダンス平面内にグラフ表示される．電子回路理論から，(2.19)[*3]式にしたがって複素誘電率 ε と C との関係が得られる．

$$C = \varepsilon\varepsilon_0\kappa \tag{3.6}$$

ここで，κ は形状係数で，電極間の距離とそれらの面積によって決定される．これを用いると，コンデンサの損失アドミタンス Y は次式によって表される．

$$Y = j\omega\varepsilon\varepsilon_0\kappa = \omega\varepsilon''\varepsilon_0\kappa + j\omega\varepsilon'\varepsilon_0\kappa \tag{3.7}$$

ここで，ε は (2.3) 式によって与えられる複素誘電率，ω は角振動数である．実部はひとつの導線によって表される．虚部の項はコンデンサのサセプタンスによって表される．したがって，(3.5) 式と (3.7) 式とは同じである．結局，Y は，ε'' に関しては，長さ $|Y| = \omega\varepsilon_0\kappa\sqrt{\varepsilon''^2 + \varepsilon'^2}$ と位相 $\alpha = \arctan(\varepsilon'/\varepsilon'')$ の回転ベクトルによって，複素誘電率平面内にグラフ表示される．電極はプレート，ロッド，ディスクのような任意の形を持っている．土壌水分センサーには，通常電極として 2 つ以上の平行ロッドが取り付けられる．

一例として，2 つの平行ロッドに対する κ は次式のように表される [Fink and Christiansen, 1982]．

$$\kappa = \frac{\pi l}{\ln(d/r)} \tag{3.8}$$

ここで，l は長さ，r は半径，d はロッド間の距離を表す．ロッドに電流 i を与えることにしよう．複素電圧 $u = i/Y$ がコンデンサの間で生じる．与えた電流に相対的な，振幅 $|u|$ と位相 α をもつこの複素電圧は $u = |u|e^{j\alpha}$ によって表される．i と u の振幅と位相はベクトル電圧計を用いて計測される．そこでのアドミタンスは次式で決定される．

$$Y = \frac{i}{|u|e^{j\alpha}} \tag{3.9}$$

そのような誘電計測の電気モデルが図 3.1 に与えられている．印加された電圧とその位相をもつ計測電圧が分かると，未知のアドミタンスが計算され，結局 (3.5) 式から G と C が計算される．(3.5) 式と (3.7) 式とから，誘電率の実部 ε' と虚部 ε'' が得られる．

$$\varepsilon' = \frac{C}{\varepsilon_0\kappa} \tag{3.10}$$

[*3] 訳注) 原著では (2.3) となっているが，誤りと思われる．

3.2 誘電センサー集積回路の設計

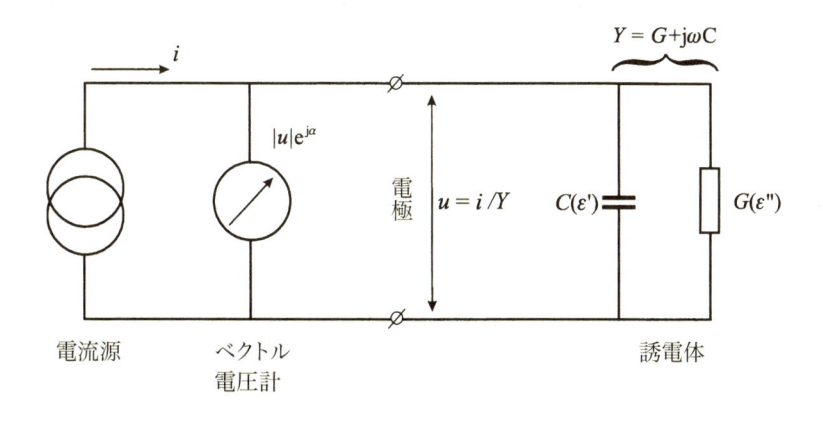

図 3.1 物質の誘電特性を計測するための電気モデル．電流 i はアドミタンス Y の間で電圧 u を発生する．Y は i に対して振幅 $|u|$ と位相のずれ α をもつ．誘電率 ε' と ε'' の求積成分は Y から計算できる．

$$\varepsilon'' = \frac{G}{\omega \varepsilon_0 \kappa} \tag{3.11}$$

バルク土壌の電気伝導度 σ_b を用いると，さらに実用的になる．σ_b は (3.11) と (2.5) 式から次式で得られる (2.1 節)．

$$\sigma_\mathrm{b} = \frac{G}{\kappa} \tag{3.12}$$

3.2 誘電センサー集積回路の設計

ワイヤーの長さの変動やケーブルの折れ曲がりによる誤差を減少するため，感度のよい入力信号をできるだけ電極近くで処理する必要があることが経験上知られている [Hilhorst et al., 1992]．電磁妨害 (EMI) も，短いケーブルを使用することによって最小化できる．電気回路の位相反応は，伝導度に比例して誤差を生じる [Hilhorst, 1984]．電気回路の位相反応誤差は，モノリシック集積回路 (monolithic integrated circuit, モノリシック IC) の場合と同じく，短いワイヤーや小さな寄生コンデンサの場合には小さい．信頼できる観点から，IC はセンサーを固くし，頼りがいのあるものにする．その IC は，プリント回路基板上で個別の部品によって作られた回路よりも，故障発生の平均時間間隔が短い．最後に，IC は大量生産で最低のコストになることは確かである．したがって，複素インピーダンスを計測するため，実用特殊集積回路 (ASIC) を考案した．

本節では，Hilhorst et al. [1993] によって考案された ASIC について述べる．IMAG-DLO で J. Balendonck によって考案された ASIC のデジタル部分は，本論文の視野を超えているが，いくつかの側面を述べる．その部分は電流源とベクトル電圧計の機能を受け持

つ．最初に，必要条件を論じる．その次に，計測原理とその実現についてシステムレベルで述べる．入力インピーダンス回路のような重要な回路の詳細についても注意を払う．

精度，動的範囲，最大位相誤差の必要条件

Hilhorst [1984] によって述べられたように，誘電式水分センサーとイオン式伝導度センサーの使用経験に基づくと，インピーダンス計測システムの全体的な要件は：

- 10 MHz と 30 MHz との間の周波数における複素インピーダンス計測
- 1 pF の精度で 100 pF までの静電容量計測と 20 MHz で 0.1 pF の分解能
- 1 mS の精度で 100 mS までの伝導度計測と 20 MHz で 0.1 mS の分解能
- AD 変換内蔵と RS232 出力
- 低消費電力と単 5 V 供給電源
- 手動調整個所なし

土壌水分計測では，ロッド間のコンデンサ $C_{\max}$ の 20 MHz 時の最大サセプタンスは $\omega C_{\max} = 12.6$ mS である．ここで，$\omega = 2\pi f$ は角振動数，f は計測周波数である．この値は，それと並列にある最大伝導度 $G_{\max} = 100$ mS よりずっと小さい．したがって，望ましいシステムの精度を得るには，$G_{\max}$ と並列にある静電容量の計測精度に集中すると十分である．これは 100 pF のスケールのとき $\Delta C = 1$ pF の精度を要する．C と $C_{\max}$ の並列結合のアドミタンス Y は，

$$Y = G_{\max} + j\omega C \tag{3.13}$$

これから，位相角 α が導かれる．

$$\alpha = \arcsin \frac{\omega C}{G_{\max}} \tag{3.14}$$

静電容量計測誤差 ΔC と位相誤差 $\Delta \alpha$ は，(3.14) 式にそれらを代入すると得られる．

$$\alpha + \Delta\alpha = \arcsin \frac{\omega(C + \Delta C)}{G_{\max}} \tag{3.15}$$

$G_{\max} \gg \omega C$ の場合，角度 α と $\Delta\alpha$ は小さい．直接，角度計測操作を行い，$\cos(\Delta\alpha) \approx 1$，$\cos(\alpha) \approx 1, \sin(\Delta\alpha) \approx \Delta\alpha$ を使用すると，(3.15) 式は次のように書ける．

$$\Delta\alpha = \arcsin \frac{\omega \Delta C}{G_{\max}} \tag{3.16}$$

要求された静電容量の精度では，位相精度は $\Delta\alpha = \arcsin(0.125 \text{ mS}/100 \text{ mS}) = 0.07°$ よりも小さくなければならない．ダイナミック・レンジ[*4]は $G_{\max}/\omega\Delta C = 100$ mS/0.125 mS=800 である．したがって，20 MHz における電子技術の必要条件は，

[*4] 訳注) 電気信号を扱う機器において，信号をひずみなく処理できる動作範囲をいう．(エレクトロニクス用語事典，オーム社, 1969)

3.2 誘電センサー集積回路の設計

- 位相誤差＜ 0.07°
- ダイナミック・レンジ＞ 800

である．

一目で分かるインピーダンス計測システム

以下では，本節で述べた ASIC 搭載のインピーダンス計測システムの概要を紹介する．複素インピーダンスの計測に伴うシステム誤差は，ベクトル図を用いて説明できる．その際，ASIC におけるインピーダンス計測システムの簡単なブロック線図を用いて要領よく説明する．

前述のように，複素インピーダンス Z は (3.5) 式で与えられるアドミタンス Y によって都合よく表すことができる．Y は，既知の電流を与えて Y にまたがって発生する電圧を計測することによって得られる．電圧計測では，常に直流オフセット誤差を受ける．もし Y 上の電圧の交流成分が 180°ずれると，Y 値の計測値は負になるが，直流オフセット誤差の符号は変わらない．180°の位相のずれはスイッチを用いて正確に実現できる．Y の 2 つの求積成分, G 及び $jB = j\omega C$, を計測するには，計測装置は 0°と 90°で正確に計測できるものでなければならない．これは位相誤差がなければできない．これらの位相誤差は，$\phi_{0°}$ と $\phi_{90°}$ で表される．

図 3.2 には，ベクトル Y と $-Y$ 及びそれらの求積成分をプロットしている．M で示す計測ベクトルが，実際のアドミタンスと同じ平面に点線でプロットされ，それらと Y がいかに関係しているかを示している．位相のずれ 0°と 180°で計測された $G_{M0°}$ と $G_{M180°}$ との差はベクトル G_M になり，それはずれの誤差に対して修正される．同様にして，ベクトル B_M が得られる．既知の G と B をもつ基準成分を用いると，G_M と B_M に関する角度 $\phi_{0°}$ と $\phi_{90°}$ が計算できる．B_M と G_M は破線でプロットされている．この方法を用いて，つぎに，任意のアドミタンスが計測できる．インピーダンスの計測原理の簡単なブロック線図を図 3.3 に示す．その原理は，同期検波 (synchronous detection)，すなわち基準信号と同じ周波数の信号の検出，として知られている．検波器は位相感度を受けると共に周波数の選択を行う．ここで，2 つの信号は直流源で発生した正弦波である．これらの電流の一つ i_z は入力インピーダンス・チャンネルに与えられ，もう一つの電流は同じ位相をもつ基準電流 i_r として用いられる．土壌における電極間の未知のインピーダンス Z_x は，インピーダンス・セレクターによって入力インピーダンス・チャンネルに接合される．電圧 u_z は Z_x で生じる．Z_x は導線とコンデンサの並列結合であるので，それは複素量で，u_z の位相は i_r に関して角 α だけずれている．

位相変換スイッチを経由して，抵抗体かコンデンサに基準電流が与えられる．発生した基準電圧 u_r は，u_z に関して 0°か 90°だけずれることになる．簡単にするため，この位相のずれは正しいものとする．これらの電圧は乗算器に与えられる．2 つの正弦波を掛け

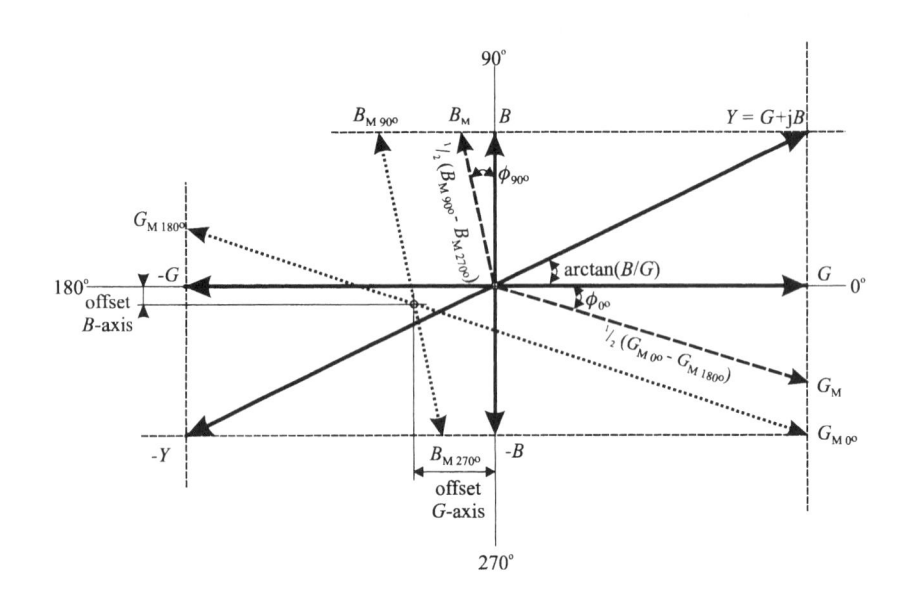

図 3.2 **M** で示す位相誤差 $\phi_{0°}$ と $\phi_{90°}$ をもつ計測値が，複素アドミタンス面 $Y = G + jB$ の実現値といかに関係しているかを示すベクトル図．ここで，G はコンダクタンスを表し，B はサセプタンスを表す．計測値は点線が引かれている．破線はずれに対して修正され，計測値から計算されている．

合わせた結果 $u_z u_r$ は，角度計測式

$$\sin\alpha\sin\beta = \frac{1}{2}\cos(\alpha-\beta) - \frac{1}{2}\cos(\alpha+\beta) \tag{3.17}$$

から分かるように，一定周波数の波と二重の周波数の波で合成した信号である．u_r を基準にし，β だけずらすと，掛け合わせの結果は

$$u_z\sin(\omega t+\alpha)u_r\sin(\omega t+\beta) = \frac{u_z u_r}{2}\cos(\alpha-\beta) - \frac{u_z u_r}{2}\cos(2\omega t+\alpha+\beta) \tag{3.18}$$

二重の周波数成分は，フィルターにかけられ，比例項が残る．

$$u_z\sin(\omega t+\alpha)u_r\sin(\omega t+\beta) \propto \frac{u_z u_r}{2}\cos(\alpha-\beta) \tag{3.19}$$

もし u_r が一定ならば，これは α と u_z の振幅の関数となる．角 α と u_z は $\beta = 0°$ と $\beta = 90°$ での 2 つの計測値から決定される．これは，Z_x の 2 つの求積成分の分離を可能にする．Z_x が抵抗体の場合，$\alpha = 0°$ であり，(3.19) 式の左辺は $\beta = 0°$ では $(u_z u_r)/2$ となり，$\beta = 90°$ ではゼロになる．Z_x がコンデンサの場合，$\alpha = 90°$ であり，(3.19) 式の左辺は $\beta = 0°$ ではゼロとなり，$\beta = 90°$ では $(u_z u_r)/2$ になる．Z_x の絶対値は，インピーダンス・セレクターで選ばれたコンデンサ C と導線 G を用いて，校正した計測から得ら

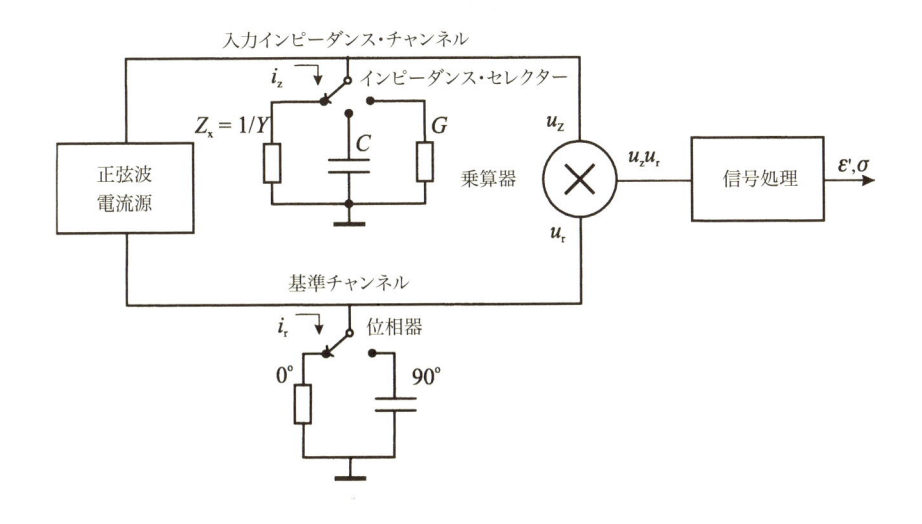

3.2 誘電センサー集積回路の設計

図 3.3 インピーダンス計測原理の簡単なブロック線図.

れる．導線 G は，電流源や温度感度の不完全さから生じる多くの曖昧さを取り除いてくれる．ハードウェアとソフトウェアから成る信号処理器は，二重周波数成分を取り除くフィルターを含んでいる．電極の形状係数は，水のような既知の誘電率を用いて PC ソフトウェアによって自動的に決定される．最後に，土壌のような未知の誘電率の場合，誘電率 ε やイオン伝導度 σ はソフトウェアによって C と G から計算される．

インピーダンス計測システム

インピーダンスの計測原理についてさらに詳細なブロック線図を図 3.4 に示す．計測原理は同期検波に基づいている．前に述べたように，同期検波は，基準正弦波と一つの正弦波との掛け合わせに関係している．後者の波の振幅と位相は関係する抵抗によって変調されている．未知の信号を 2 つの求積成分に分割するため，基準正弦波はその位相と 90° の位相で与えられる．

高周波 (HF) 発振器によって，微分した正弦波電圧，$u_{\mathrm{osc}} = |u_{\mathrm{osc}}|\sin(\omega t)$ が作り出される．ここで，t は時間，$|u_{\mathrm{osc}}|$ は u_{osc} の振幅である．図 3.4 に示す信号は，利得 $g_{\mathrm{z}\,1}$ で変換伝導増幅器 (transconductance amplifer) を経て入力インピーダンス・チャンネルに伝えられる．変換伝導増幅器は，入力電圧を与えると，出力電流を生じる．理想的には，入力電流を必要としないが，その場合出力インピーダンスは無限に高くなる．出力電圧はそれに接合しているインピーダンスに比例する．$g_{\mathrm{z}\,1}$ の出力電流 $i_{\mathrm{z}\,1} = u_{\mathrm{osc}} g_{\mathrm{z}\,1}$ は，複素インピーダンス $Z_{\mathrm{z}} = 1/(G_{\mathrm{z}} + \mathrm{j}\omega C_{\mathrm{z}})$ を通って流れる．Z_{z} は，スイッチ S_{z} によってインピーダンス・チャンネルに接合しているインピーダンスである．S_{z} は制御論理によって予め

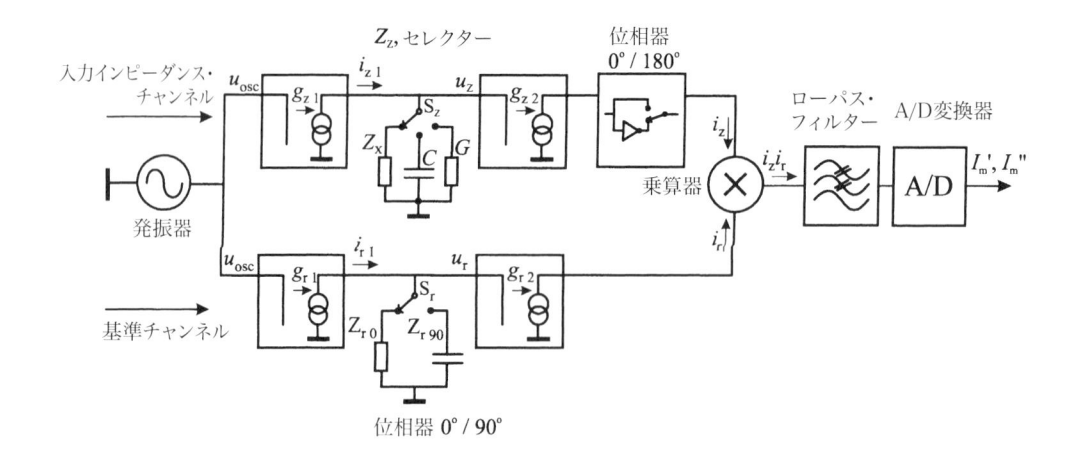

図3.4 Hilhorst et al. [1993] によって考案されたインピーダンス計測原理のブロック線図.

設定された連続操作で切り替えられる．Z_z は未知の Z_x であり，それは基準コンダクタンス G か基準静電容量 C かによって変わる．これらの基準値は共に最大スケール値を持ち，寄生電流 (parasitics) を含んでいる．Z_z をまたぐ電圧 u_z は $u_z = i_{z1} Z_z$ である．2番目の変換伝導増幅器は利得 g_{z2} によって u_z を $i_z = u_z g_{z2}$ に変える．最後に，計測チャンネルの出力電流は，次のように表される．

$$i_z = p|Z_z|\sin(\omega t + \alpha_z + \phi_z) \tag{3.20}$$

ここで，$p = g_{z1} g_{z2} |u_{osc}|$，$\alpha_z$ は Z_z によって起こされる位相のずれ，ϕ_z はインピーダンス・チャンネルの全位相誤差である．この誤差は g_{z1}, g_{z2} の不完全さ，スイッチ，配線によって引き起こされる．

同期検波によって，i_z を直交成分 (quadrature component) に分解することは可能である．i_z の整流のあと，直流出力電流 I_m が得られる．それは Z_z の関数である．同期検波は i_z と基準電流との掛け合わせと関係している．2つの正弦波の掛け合わせは2倍の周波数の正弦波と一つのパラメータを生じる．2倍の周波数の正弦波をもつ交流信号はフィルターにかけられる．パラメータは直流電流 I_m であり，振幅と入力電流間の位相差に関係している．i_z の直交成分はそれぞれ 0° と 90° だけ基準をずらすことによって得られる．アナログのモノリシック集積回路のとき，**乗算関数 (multiplier function)** は一般に Gilbert 乗算器 [Gilbert,1974] を用いて実行される．他の方法に比べて同期検波の利点は，調整を必要とする共振回路を含んでいないことである．集積回路に収まれば理想的である．その回路は，正しい基準入力信号に比べ，他の周波数の信号には感度が低い．したがって，回路は電磁妨害 (EMI) に対してほとんど免疫をもつようになる．最後に，ある同期検波は従来の 30 倍以上の動的範囲を調整することができる．これによって，低レベル

3.2 誘電センサー集積回路の設計

の信号を用いた仕事が可能になり，**電磁放射**[*5](electromagnetic radiation) が最小になる．

基準電流 (reference current) i_r は，i_z と同様に基準チャンネルで発生する．基準チャンネルも2つの固定したインピーダンス $Z_{r\,0°}$, $Z_{r\,90°}$ からなり，予め決められた操作で切り替えられる．基準チャンネルの位相誤差の項 ϕ_r には，$Z_{r\,0°}$, $Z_{r\,90°}$ の並列の寄生電流，スイッチによる位相誤差，配線，それに**変換伝導増幅器** $g_{r\,1}$, $g_{r\,2}$ が含まれている．したがって，$Z_{r\,0°}$ と $Z_{r\,90°}$ を理想的に取扱うことができる．すなわち，スイッチの設定 S_r に従い，それらは $\beta = 0°$ あるいは $\beta = 90°$ だけ i_r をずらすことができる．I_z と同様に，基準電流は次のように表すことができる．

$$i_r = q \sin(\omega t + \beta + \phi_r) \tag{3.21}$$

ここで，$q = g_{r\,1} g_{r\,2} |Z_r||u_{osc}|$, $|Z_r|$ はそれぞれ $Z_{r\,0°}$ と $Z_{r\,90°}$ の絶対値で，スイッチの設定 S_r に依存する．(3.20) 式と (3.21) 式とを乗ずると，

$$i_m = i_z i_r = P|Z_z|[\cos(\alpha_z \beta + \phi) - \cos(2\omega t + \alpha_z + \beta + \phi_z + \phi)] \tag{3.22}$$

ここで，$P = pq/2$ は全体の伝達定数，$\phi = \phi_z - \phi_r$ は全体の位相誤差である．ローパス・フィルターを用いて 2ω 成分を取り除くと，I_m が残る．いま I_m の2つの求積成分 I'_m, I''_m が導かれる．I'_m, $P = P_{0°}$, $\phi = \phi_{0°}$ は $\beta = 0°$ だけ基準をずらすと得られる．I''_m, $P = P_{90°}$, $\phi = \phi_{90°}$ は $\beta = 90°$ だけ基準をずらすと得られる．I_m に対する結果は，

$$I'_m = P_{0°}|Z_z|\cos(\alpha + \phi_{0°}) \text{ および } I''_m = P_{90°}|Z_z|\sin(\alpha + \phi_{90°}) \tag{3.23}$$

直流を封鎖し，交流だけ操作させるため，通常分かれている電子回路の種々の電子機能をコンデンサを介して結合する．これらのコンデンサは 1 μF 以上の高い値である．モノリシック集積回路の設計では，IC の表面で利用できる面積が限られているため，そのように大きなコンデンサの集積は不可能である．そのため，回路はアナログ入力の出力装置である発振器からデジタル変換器まで直流で結合する．その際，直流オフセット (相殺) 電流[*6] $I_{m\,offset}$ を考慮しなければならない．$I_{m\,offset}$ は一定の直流電流と，スイッチの設定に依存する直流電流とからなる．最初の電流は，180° の位相のずれを加えながら計測を繰り返すことによって除くことができる．アナログ出力電流 I_m はデジタル信号に変換した後，ソフトウェアによってさらに処理を行う．0° のずれの結果と 180° のずれの結果との差をとると，求積成分のみが得られる．

$$I' = \frac{1}{2}[(I'_{m\,0°} + I'_{m\,offset}) - (I'_{m\,180°} + I'_{m\,offset})]$$

[*5] 訳注）空間の電場と磁場の変化によって形成された波（波動）のことである．電界と磁界がお互いの電磁誘導によって交互に相手を発生させあうことで，空間そのものが振動する状態が生まれて，この電磁場の周期的な変動が周囲の空間に横波となって伝播していく，エネルギーの放射現象の一種である．(http://ja.wikipedia.org/wiki/%E9%9B%BB%E7%A3%81%E6%B3%A2)

[*6] 訳注）OP アンプの2つの入力端子に流れ込むバイアス電流の差をオフセット電流という．(http://www.cqpub.co.jp/term/offsetcurrent.htm)

および
$$I'' = \frac{1}{2}[(I''_{\text{m }0°} + I''_{\text{m offset}}) - (I''_{\text{m }180°} + I''_{\text{m offset}})] \quad (3.24)$$

ここで，I'，I'' はそれぞれ新しい複素平面 $I = I' + \mathrm{j}I''$ の実部と虚部を表す．その場合，I は Z_z に比例する．スイッチの設定に依存するオフセット電流は別に除去できる．問題は数学的には解けない．特殊な回路を用いると，各計測状態における入力インピーダンス・チャンネルのオフセット電流を制御ループ内で調節できる．この回路に関する詳細な説明は，本論文の範囲外である．

ASIC の出力信号から計測インピーダンスの獲得

以下では，ASIC の出力信号から Z_z と誘電率を計算するため，数学的アルゴリズムを展開する．集積回路の利得，抵抗，コンデンサの値の精度は ± 20% より悪く，温度の安定性も通常よくない．1 pF の計測精度を満たすため，Z_x の計測前後で基準計測を行う必要がある．したがって，Z_x，C，G に対して 0°，90°，180°，270° のとき計測を行った．最初，(3.24) 式によって，I'，I'' を計算しなければならない．簡単にするため，基準コンデンサ C，導線 G は理想的であり，寄生電流によって影響されないと仮定しよう．そのとき，i_z の位相は $\alpha_\text{G} = 0°$，$\alpha_\text{C} = 90°$ であり，$\alpha_\text{x} = \arctan(\omega C_\text{x}/G_\text{x})$ である．一連の計測結果は，次式のように書かれる．

$$I'_\text{G} = P_{0°} \left|\frac{1}{G}\right| \cos(0° + \phi_{0°}) \quad (3.25)$$

$$I'_\text{C} = P_{0°} \left|\frac{1}{\omega C}\right| \cos(90° + \phi_{0°}) \quad (3.26)$$

$$I'_\text{x} = P_{0°} \left|\frac{1}{G_\text{x}^2 + \omega^2 C_\text{x}^2}\right| \cos(\alpha_\text{x} + \phi_{0°}) \quad (3.27)$$

$$I''_\text{G} = P_{90°} \left|\frac{1}{G}\right| \sin(0° + \phi_{90°}) \quad (3.28)$$

$$I''_\text{C} = P_{90°} \left|\frac{1}{\omega C}\right| \sin(90° + \phi_{90°}) \quad (3.29)$$

$$I''_\text{x} = P_{90°} \left|\frac{1}{G_\text{x}^2 + \omega^2 C_\text{x}^2}\right| \sin(\alpha_\text{x} + \phi_{90°}) \quad (3.30)$$

これらのデータセットから，角度計測および代数操作を直接行って，すべてのシステムパラメータを，最後には未知数 Z_x を計算することができる．$P_{0°}$ と $\phi_{0°}$ は (3.25) と (3.26) 式から導かれ，$P_{90°}$ と $\phi_{90°}$ は (3.28) と (3.29) 式から導かれる．

3.2 誘電センサー集積回路の設計

仮定したように，これらの両基準値は理想的でない．基準コンデンサが並列であれば，寄生導線項 G_p と寄生静電容量項 C_p が存在する．$\alpha_G \neq 0$ としよう．もし $C_p \ll C$ と $\omega C_p \ll G$ ならば，C_p は (3.25) 式から推定できる．同じように，もし $G_p \ll G$ と $G_p \ll \omega C$ ならば，G_p は (3.29) 式から推定できる．これらの値から，C と G に対する実際の基準インピーダンスが再計算できる．この手順は，期待する精度に到るまで繰り返される．このようにして，ASIC で作られた他のすべての回路に対して，合理的な初期推定が行われる．極めて高い精度が必要なときには，各計測サイクルに対してこの手順を繰り返さなければならない．(3.27) と (3.30) 式から，α_x が計算され，その結果から未知の G_x と C_x が計算される．

IC の利点の一つは，入力インピーダンス・チャンネルと基準チャンネルをずらしたインピーダンス入力に対してすべての電子機器において同等に構築され，すべてのインピーダンスが同じ寄生電流をもつと仮定できることである．以下では，寄生電流は既知であり，すでに含まれていると仮定する．以上のことを使用すると，Z_x を計算するためのアルゴリズムが展開される．

パラメータ C, G, ω はすでに既知であり，C_p, G_p も既知であると仮定する．C_p と G_p が存在すると，C と G の入力時のインピーダンスに対して，それぞれ複素数 $|Z_C|$ と $|Z_G|$ が得られる．$|Z_C|$ と α_C および $|Z_G|$ と α_G は次式から計算できる．

$$|Z_C| = \frac{1}{\sqrt{G_p^2 + (\omega C)}} \quad \text{および} \quad \alpha_C = \arctan(\frac{\omega C}{G_p}) \tag{3.31}$$

$$|Z_G| = \frac{1}{\sqrt{G^2 + (\omega C_p)}} \quad \text{および} \quad \alpha_G = \arctan(\frac{\omega C_p}{G}) \tag{3.32}$$

これらの値は，一定と考えられる．

計測値は，I'_x と I''_x, I'_C と I''_C, I'_G と I''_G である．位相のずれの誤差 $\phi_{0°}$ と $\phi_{90°}$ は，それぞれ次式から計算できる．

$$\phi_{0°} = \arctan\left[\frac{\frac{|Z_C|\cos(\alpha_C)}{I'_C} - \frac{|Z_G|\cos(\alpha_G)}{I'_G}}{\frac{|Z_C|\sin(\alpha_C)}{I'_C} - \frac{|Z_G|\sin(\alpha_G)}{I'_G}}\right] \quad \text{および}$$

$$\phi_{90°} = \arctan\left[\frac{\frac{|Z_C|\cos(\alpha_C)}{I''_C} - \frac{|Z_G|\cos(\alpha_G)}{I''_G}}{\frac{|Z_C|\sin(\alpha_C)}{I''_C} - \frac{|Z_G|\sin(\alpha_G)}{I''_G}}\right] + 90° \tag{3.33}$$

つぎに，$|Z_x|$ と α_x はそれぞれ次式から計算できる．

$$|Z_x| = \frac{|Z_C|\cos(\alpha_C + \phi_{0°})}{\cos(\alpha_x + \phi_{0°})} \cdot \frac{I'_x}{I'_C} \quad \text{および} \quad \alpha_x = \arctan\left[\frac{I''_x\cos(\phi_{0°}) - I'_x\sin(\phi_{90°})}{I'_x\cos(\phi_{90°}) - I''_x\sin(\phi_{0°})}\right] \tag{3.34}$$

未知の静電容量 C_x とコンダクタンス G_x はそれぞれ次式から計算できる．

$$C_\mathrm{x} = \frac{1}{\omega |Z_\mathrm{x}|}\sin(\alpha_\mathrm{x}) \quad \text{および} \quad G_\mathrm{x} = \frac{1}{|Z_\mathrm{x}|}\cos(\alpha_\mathrm{x}) \tag{3.35}$$

最後に，ε' と σ の値が導かれる．

空間や電力が限られているため，最小の信号処理電力がセンサーに取り付けられることがよくある．単純なプロセッサー構造では，角度計測関数は敬遠すべきである．角度計測関数は，(3.31) から (3.35) までの式に，

$$\sin[\arctan(x)] = \frac{x}{\sqrt{1+x^2}} \quad \text{および} \quad \cos[\arctan(x)] = \frac{1}{\sqrt{1+x^2}} \tag{3.36}$$

を代入することによって，回避できる．このような代入をすると，長い式になるので，結果はここでは表示しない．

ASIC のアナログ部の設計概念

似たような 2 つの異なる ASIC でも，コンポネンツに 20% ほどの違いがある．前述の計測原理を用いると，絶対精度は基準コンポネンツによって主に決定されるのであって，電気的 ASIC パラメータによって決定されるのでない．未知のパラメータを使って，位相の誤差と並列の寄生電流を計算することは可能である．この方法の最も不確かな点は，スイッチの品質である．異なる計測段階における位相誤差の違いは 0.07° を超えない．幸いなことに，同じ ASIC 上の成分の電気パラメータ間の不一致度は 1 %以下と良好であり，寄生電流は比較的低い．寄生コンデンサは 0.1 pF 程度の低さである．しかし，ASIC のケースのどの接合も 10 pF ほどの寄生コンデンサが生じる．適合精度を高くし十分な利得を得るには，ケースの接合を最小にし，すべての回路とレイアウトをできるだけ同一で対称的に設計しなければならない．

同じ ASIC を共有した 2 つの回路の間の 900 MHz における位相差は 3° 以下であることが，Steyaert et al. [1991] によって示された．彼は f_r =9 GHz のトランジスターを用い，回路の対称性とレイアウトに特別の注意を払った．トランジション周波数 (transition frequency)f_r は，利得が 1 になるときの周波数で，トランジスターのパラメータである．Steyaert et al. [1991] の結果を 20 MHz までスケール・ダウンすると，位相の条件を達成できることが分かる．1 段のスケーリングでは 3°(900 MHz/20 MHz)=0.067° が生じるが，これは要請された値である．この計算の場合，900 MHz における位相の 1 段のロールオフ[*7](roll-off) が仮定されている．900 MHz における実現では，ASIC でさえも，多段のロールオフを考慮しなければならない．ASIC の高周波 (>1 GHz) プロダクション・プ

[*7] 訳注) 周波数の関数である伝達関数の峻度を表す用語で，特に電気ネットワーク解析や，通過域 (passband) と阻止域 (stopband) との遷移域におけるフィルター回路に関するものをいう．
(http://en.wikipedia.org/wiki/Roll-off)

3.2 誘電センサー集積回路の設計

ロセスの場合，20 MHz の 1 段のロールオフだけで十分と思われる．したがって，この ASIC の場合，状況は良好と思われる．

ASIC 上の金属被覆の抵抗パターンが更なる問題を投げかける．通常，軌道の比抵抗は指定されることは少ない．特別の場合を除くと，3〜4 mm の長さをもつ軌道の抵抗は 50 Ω ほどである．これは，寄生コンデンサと結合して，すでに 0.1° 以上の位相誤差の違いを起こしている．この問題を解決するには，できるだけ広い周波数から正しい周波数を決定できる軌道を作らねばならない．

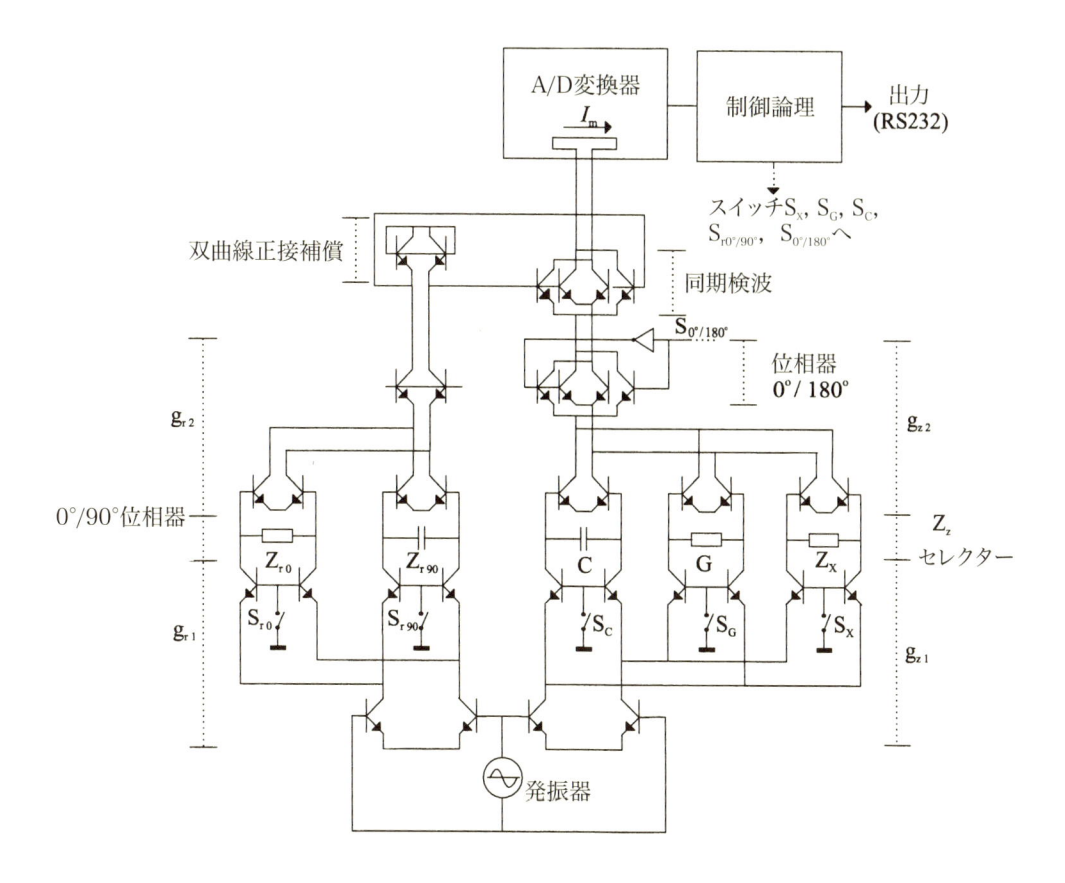

図 3.5 **ASIC のアナログ部分の簡略化された模式図**.

支配的な誤差は活性コンポネンツの利得，バンド幅，位相の偏から生じている．他の誤差の発生源は電力線の結合の悪さや非線形性にある．さらに，計測誤差には高調波[*8] (harmonics) が加わる．電力線によって起こされる誤差を除くには，すべての HF 回路を

[*8] 訳注）ある周波数成分をもつ波動に対して，その整数倍の高次の周波数成分のことをいう．
(http://ja.wikipedia.org/wiki/%E9%AB%98%E8%AA%BF%E6%B3%A2)

平衡にしなければならない．これによって，電源電圧変動除去比[*9] (power supply rejection ratio) は最高になり，EMI の感度は最低になる．同期検波するまでは，発振器をいろいろな段階に準備しておく必要がある．線形モードでは，同期検波器が用いられる．リミッタ[*10](Limiter) は大きな位相のずれ [Wagdy, 1986] と，高調波の広いスペクトルを引き起こし，そのために，システムは過敏になる．これらの強い修正要請のため，また Steyaert et al. [1991] にしたがって，回路設計，レイアウト，プレース・ルートをトランジスターレベルで手を使ってしなければならない．

ASIC の最後のアナログ部における簡略化した回路図を図 3.5 に示す．それは，必要とされる最後の交流信号回路に対して，電力線とアース (ground) に関する構造の違いを表している．この構造は交流信号の流れが回路内に留まっていることを示している．増幅構造を閉鎖ループにすると，確実に高周波の不安定化を招くので，それは避けている．

発振器から同期検波器までの途中で，信号は 5 つの n-p-n トランジスターを通過する．各トランジスターの機能は，少なくとも $f_{3dB} = (1/3) f_T$ となる 3 dB のバンド幅を持つものと仮定しよう．f_{3dB} のバンド幅は，利得が 1/2 に低下する周波数である．利得関数を一階積分することによって，1 段のロールオフを仮定すると，f_{3dB} の各段階の位相は 45° であり，$f \to \infty$ につれて 90° に近づく．全位相のずれはおよそ 225° である．もし 2 つのトランジスターの適合性が 1% 以上よくなると，不確定度は f_{3dB} で 2.250° になる．双極子トランジスターの場合，0.07° の位相の要件を充たす最小値 f_T が推定できる．1 段のロールオフを仮定すると，f_T における位相誤差は f_{osc} よりもおよそ f_T/f_{osc} 倍小さくなると仮定する．したがって，$f_{osc} =$20 MHz を用いると，f_T は $\gg 3 f_{osc}(2.25°/0.07°) = 2$ GHz になる．正弦波クリスタル・発振器はいろいろな出力電圧を発生する．それは十分に平衡したブリッジ型の発振器で，周波数の安定性が非常によく，電源電圧変動除去比が極めて高いが，外部調節は一切必要としない．偶数の高調波は 30 dB 以下で，奇数の高調波は 50 dB 以下である．これは制御論理を稼働させることで計測される．発振器にはシャットダウンと増幅制御ピンがある．

基準チャンネルと Z チャンネルには，等しい位相と振幅をもつ同じ信号が与えられる．発振器の出力電圧は異型変換伝導増幅器を用いて電流に変換される．その後，電流は，最初の段階でミラー・フィードバック[*11](Miller feedback) を除去し，優れたスイッチ形式を

[*9] 訳注）入力端子に混入する同相ノイズが出力に及ぼす比率．dB 表示で数値（除去比）が大きい程出力に影響せず性能が良い．一般的なレベル：50dB〜80dB，比較的良い：80dB〜100dB，かなり良い：100dB 以上．(http://www.nsm.co.jp/products/bunya/hanyouopamp/opeampterm.html)

[*10] 訳注）入力音量が予め設定された閾値（スレッショルドレベル）を超えた場合に，その変化を設定した比率（レイシオ，圧縮比）で減少させて，ピークのばらつきを一定範囲に抑える機材である．
(http://ja.wikipedia.org/wiki/%E3%83%AA%E3%83%9F%E3%83%83%E3%82%BF%E3%83%BC_(%E9%9F%B3%E9%9F%BF%E6%A9%9F%E5%99%A8))

[*11] 訳注）増幅回路 (利得-A) の入出力間に静電容量 C のコンデンサを接続すると，容量が（A+1）倍された ((A+1)*C) ように見えることをミラー効果という．これは負帰還（ネガティヴフィードバック）のためである．

与えるため通常のベース段階まで落とされる．電流はトランジスターの出力から流れ出し，入出力間の寄生コンデンサを経由して入力に戻るため，ミラー・フィードバックは入力時には明らかに大きな静電容量になる．その結果，周波数や位相に対する反応は小さくなる．このスイッチ可能な入力回路は，未知コンポネンツ，基準コンポネンツ，ずれコンポネンツからなる個々の (distinctional) インピーダンスに依存する．これらのインピーダンスで発生する電圧は特異的である．この電圧は異型変換伝導増幅器を用いて電流に変換される．

基準チャンネルは，再び普通のベースの回路に戻り，ミラー・フィードバックに制限を与える．最後に，基準信号は逆双曲 tangent 補償回路を通過し，同期検波器の基準入力に印加される．入力インピーダンスのチャンネルも普通のベースの回路に戻る．そのチャンネルはミラー・フィードバックから保護し，優れた 0°/180° 平衡位相器 (phase shifter) を提供する．

同期検波器は線形モードで利用される．検出の出力は正常な電流・周波数変換器の電流入力に直接接続される．この変換器は，個々のインピーダンスで発生している電圧によって調整された 100 kHz の搬送波 (carrier) 出力信号を発生する．特殊インピーダンスは制御論理によって予め決められた手順で切り替えられる．周波数計測は 5 桁の 10 進 (decade) カウンターで実現された．電流制御発振器の限界バンド幅と周波数計測の積算時間によって，ミキサー回路の出力時に必要なロウパスのフィルタリングは自動的に行われる．

ASIC のデジタル部の設計概念

ASIC のデジタル部分は IMAG-DLO の J. Balendonck によって設計された（Hilhorst et al., [1993] を見よ）．

制御論理のシステム時計は，内部の分周器[*12](pre-scaler) を経てアナログ HF 発振器から導かれるか，外部から与えられる．論理はトグルになっていて，24 の必要な状態によってアナログ部分のスイッチを選ぶ．これらの状態には，インピーダンス計測に対する状態，外部で与えられた信号を多重化するための状態，つまりハウスキーピング[*13](housekeeping) のための状態が含まれる．その論理によって，特別な応用，例えば外部に与えた信号の位相計測の場合には，予め決定した手順を用いる方法が与えられる．

電流が制御された発振器の出力周波数は，積算時間 0.1 秒に対して 5 桁の 10 進カウンターを用いて計測される．その場合，24 の状態の周期計測には，2.4 秒かかる．カウン

(http://blogs.yahoo.co.jp/taktak335/3920284.html;
http://kotobank.jp/word/%E3%83%9F%E3%83%A9%E3%83%BC%E5%8A%B9%E6%9E%9C@)

[*12] 訳注) 整数分割によって高周波電気信号を低周波に変換するために用いる電子カウンタ回路である．
(http://en.wikipedia.org/wiki/Prescaler)

[*13] 訳注) コンピュータシステムを正しく動作させるための予備的操作．(岡本ら，パソコン用語辞典，技術評論社，2000)

ターの内容は RS232C 接続を用いて，ASIC から読み込みシステムまで転送される．転送データには，計測状態数と通信データが含まれる．読み込みシステムには，通常センサーの生データの後処理に使用するマイクロコントローラが含まれる．したがって，ASIC には計算回路を含んでいなければならない．読み込みシステムは，例えば電池操作のハンドヘルドメータか，パーソナルコンピュータでよい．

ASIC のテストをおこなうため，走査パス法 (scan-path technique) を用いた．制御性，観測性を含む試験は，View Fault を用いて解析した．2850 組のテストベクトルを用いて，93% 以上の欠陥を修正した．

特殊な回路によって，供給電圧を感知し，その供給電圧が予め決められた限界を超えるとすぐに制御論理にリセット信号が発生する．このため，外部のリセット信号や電力制御回路は必要でない．

1354 ゲートに相当する 616 の標準セルを用いて，同じ ASIC 上の CMOS[*14]内に制御論理が実現されている．

ASIC の実現

ASIC は，前述の 3 つでなく，4 つの入力インピーダンスをもっている．4 番目のそれは，2 番目の未知のインピーダンスを一つの ASIC で計測できるようにしている．それは，数多くの新しい応用に適した回路を構成している．しかし，これらの応用は本論文の範囲外である．

回路はアナログとデジタル混合の ASIC として実行され，SGS トムソン社の BiCMOS STKM 2000 の標準セルプロセス (standard cell process) で実現された [Cailon,1990]．標準セルプロセスは，回路を構成するため用いられるすべてのコンポネンツが定義され，シリコンの鋳型によって特徴づけられることを意味する．ここでは，必要なコンポネンツだけが集積される．これは，すべてのコンポネンツがすでに ASIC に集積されている配列法とは対照的である．回路を構成するには，金属配線のパターンだけが必要である．配列法と違って，標準セル法は，アナログ部分における位相誤差の最適化の場合や，電源電圧変動除去比が高い高周波回路を効率よく平衡させる場合に有利である．

完全な回路が設計され，SGS トムソン社の STKM2000 ツールキット，View Fault，SPICE を備えた Workview を用いて，SUN ワークステーション上でシミュレートした．その開発に当たっては，回路の個々に分離したコンポネンツを用いた**機能試験 (breadboard test)** は行わなかった．シミュレーションを実行した回路では，機能試験が不要であることを SGS トムソン社が保証しているからである．図 3.6a は ASIC のマイクロ写真を示している．インピーダンス入力セルのレイアウトが図 3.6b に更に詳細に示されている．NPN トランジスターの遷移周波数は 7 GHz であり，PNP トランジスターのそれは 2.5 GHz で

[*14] 訳注) 金属酸化物半導体 (MOS) の 1 種．(岡本ら，パソコン用語辞典，技術評論社，2000)

3.2 誘電センサー集積回路の設計

ある．HF 条件に合わせるにはいくつかの特別な取り扱いが必要であるが，バルクのネットリスト[*15](netlist) は自動的に処理される．ASIC サイズは"限られたパッド"であるため，自由な ASIC 面積は 3 つのボード上の電力源を作り出すため用い，1.5 nF のコンデンサに分離した．それらはデジタル回路とアナログ回路との間に位置し，それら 2 つの間の EMI を効果的に減少させる．結合インダクタンスと配線インダクタンスを一緒にすると，これは高周波に対して減結合[*16] (decoupling) する優れた電力源を与える．3 つの入力をもったボード上のアナログマルチプレクサーによって，温度や pH のような多くのセンサーからのアナログ信号処理が可能になる．同じ ASIC 上の CMOS においては，デジタル回路が作られている．ASIC は 4×4.5 mm 角の大きさである．全電力消費はおよそ 5 V のとき 35 mA である．

設計の妥当性

出来上がった ASIC を特徴づけるため，多くの試験とシミュレーションを行った．最も重要な設計パラメータは位相反応の精度とそれによる静電容量計測の精度である．このことを証明するため，最終版の ASIC を用いたシミュレーションの結果と計測結果を示す．

インピーダンス・チャンネルの位相誤差シミュレーションを行うため，同期検波器を 100 Ω 抵抗に置き換え，10 Ω // 100 pF を入力インピーダンスに接続した．SGS トムソン社の BiCMOS STHKM 2000 ライブラリにしたがって，最悪，普通，および最良の状況における発振器間の位相反応をシミュレートした．これは，普通の状況で変化するとき，すべてのコンポーネンツのパラメータが，最悪，普通，および最良の違いを表すことを意味している．20°C, 20 MHz で，5V の電力源のとき，位相誤差はそれぞれ $\phi_{Z\ \mathrm{WORST}} = 13.45°$, $\phi_{Z\ \mathrm{TYPYCAL}} = 13.49°$, $\phi_{Z\ \mathrm{BEST}} = 13.39°$ になる．これらの結果の最大誤差は 0.1° で，それは要件である 0.07° に非常に近い．

1993 年に，初期の ASIC を用いて，多くの誘電センサーが作られた．それらは，すべて同じ ASIC とアルゴリズムを用いている．20 MHz で稼動する ASIC の出力と，それによって計算した静電容量，コンダクタンス，位相誤差を表 3.1 に与えている．実証試験では，外部インピーダンスは入力 x に接続されていない．このように，ASIC はそれ自身の寄生電流を計測する．

静電容量，コンダクタンスに対する結果は，必要条件内で再現性があった．位相誤差の結果は各 ASIC で異なっており，温度と供給電圧の変化に敏感である．それは，システムが位相誤差の違いを修正する能力を備えていることを示唆している．

[*15] 訳注) 電子回路における端子間の接続情報のデータのこと．(http://en.wikipedia.org/wiki/Netlist)
[*16] 訳注) 電気ネットワークを他から分離すること．(http://en.wikipedia.org/wiki/Decoupling_capacitor)

表 3.1 **20 MHz** で稼働する **ASIC** の出力の一例．基準コンデンサ C と，導線 G は推定した寄生電流の C_p, G_p を含む．ASIC がそれ自身の入力寄生電流の計測ができるように，入力 **x** が開放されたままになっている．未知の静電容量 C_x とコンダクタンス G_x は，本文で与えられるアルゴリズムを用いて，計測データ I'_x, I''_x, I'_C, I''_C, I'_G, I''_G から計算される．

入力		出力		(3.31)から(3.31)式の使用結果	
G_x = open	C_x = open	I'_x = 18828	I''_x = 13744	G_x = 1.56 mS	C_x = 5.98 pF
G_p = 1.58 mS	$C + C_p$ = 105.9 pF	I'_C = 501	I''_C = 2567	$\phi_{0°}$ = -4.27°	$\phi_{90°}$ = 17.10°
$G + G_p$ = 101.58 mS	C_p = 5.9 pF	I'_G = 3021	I''_G = 1068		

結論

以上で説明した計測システムを用いると，複素インピーダンスの正確な計測が可能である．回路には標準セルプロセスと一般の設計法を用いることで，ASIC が実現した．実際の回路の，最悪，普通，および最良処理値に対して行った SPICE シミュレーションによって，20 MHz のとき最大位相誤差を ±0.07° 以内にまで低下できることことがわかった．シミュレーション結果から，この ASIC を用いて組み立てた多くのセンサーの有効性が実証された．位相精度は，主に，同じ ASIC を共有しているトランジスター間の電気パラメータの不一致性および基準コンポネンツに依存している．

3.3 誘電センサーの電極設計に関する一般的考え

電極の長さと配線

3.1 節で示したように，実際には誘電率の計測は直ぐにはうまく行かない．また，電極やそれに接続している配線は，常にある長さをもっている．電極の数と形は応用によって異なっている．3本または4本ロッドの形状が普通であるが，一本の棒上に2個以上のリングがあるような形状もよく使用される．本節においては，すべての形状について広く取扱うことは不可能である．2本以上のロッドは，外側のロッドが互いに結合されているため，2本ロッドとしてもモデル化できる．また，棒上のリングも2本ロッドでモデル化できる．誘電率計測に対する，電極の長さや配線の電気的影響を研究するため，図 3.7 に示すような，一般化された2本ロッドの形状を用いる．

誘電センサーは，電流源，ベクトル・ボルトメータ，2本電極からなり，図 3.7 で示される．そこには，電極と電子機器との間に配線コンデンサ (wiring capacitor) と結合コンデンサ (coupling capacitor) が示されている．電流源を電極に接合し，印加した電圧はベ

3.3 誘電センサーの電極設計に関する一般的考え

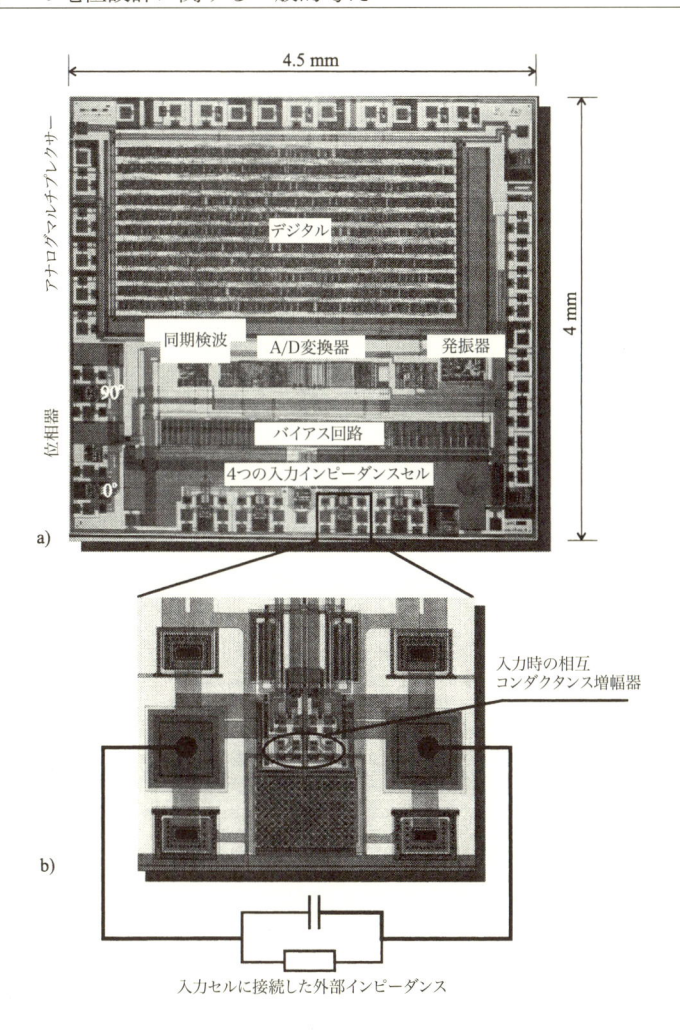

図 3.6 **a)** ASIC －レイアウトの写真．ASIC の上半分はデジタル部分で占められる．左端の小さな細長い部分は，3 チャンネルのアナログマルチプレクサーである．下半分における上部の **1/4** の部分には，同期検波器，アナログ・デジタル変換器，発振器，ほとんどのバイアス回路 が含まれている．下部 **1/4** 部分は，主に **4** つの入力インピーダンス回路といくつかの電源保護回路によって占められる．0°/90° 位相シフターは **ASIC** の下半分の左側に位置している．**b)** 入力インピーダンスセルの一つのレイアウト．対称レイアウトであることに注意しよう．

クトル・ボルトメータで計測される．周波数領域の計測では，電流は正弦波である．その正弦波が電極と配線を移動するには時間が必要である．さらに，電流の一部は電極の端で反射し，電流源に戻る．電極間に現れる電圧は，印加した電流と反射した電流との和によるものである．

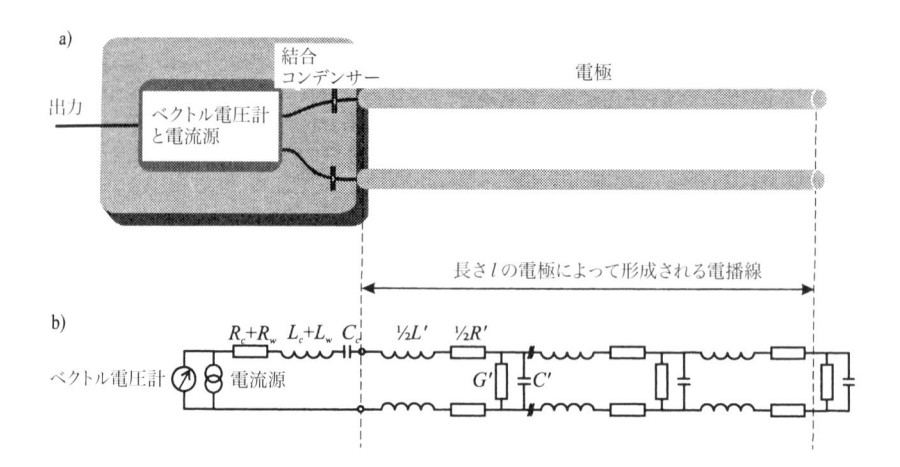

図 3.7 **a)** 誘電土壌水分センサー．ベクトル・ボルトメータは，長さ l の電送線に入力電流を与え，その反応を計測する．**b)** このセンサーに対する電気モデル．電送線の分布パラメータは，インダクタ（誘導子）L'，抵抗 R'，コンデンサ C'，コンダクタンス G' で表される．配線コンデンサおよび結合コンデンサによる寄生値はそれぞれ R_w, L_w, R_c, L_c, C_c を用いて表される．

電極は電送線の一部を形成するが，それに対するモデルを図 3.7b に示す．電送線に関する広範な取り扱いについては，Wadell [1991] を参照しよう．与えられた電流と，それによって生じる電圧から，電極間の静電容量 C とコンダクタンス G が計算できる．C と G はそれぞれ誘電率の実部 ε' と誘電率の虚部 ε'' に関係している．電送線は，無限に小さな物理的電送線部分からできていると考えることができる．各部分は，並列のコンデンサ/導線結合の C', G' からできていて，それらは抵抗 R' やインダクタ L' と直列に繋がっている．電送線部分の並列したコンデンサ/導線結合は，電極の長さ l の関数として C と G の偏微分で定義される．

$$C' = \partial C / \partial l \qquad (3.37)$$

$$G' = \partial G / \partial l \qquad (3.38)$$

これらの式はそれぞれ単位長さ当たりの静電容量とコンダクタンスを表している．電極自体は配置した直列のインダクタ L' と直列の抵抗 R' によって表される．実際，電極間の直流問題を解くためには，電極と電子機器との間に，寄生インダクタ L_C 及び損失抵抗 R_C をもつ結合コンデンサ C_C が常に存在しなければならない．電極と電子機器との間の配線寄生値は L_w と R_w で表される．

図 3.7 のモデルは周波数領域であろうと時間領域であろうと，稼働しているすべての誘電計測装置に適用できることに注意しよう．時間領域計測は，広い周波数バンドの周波

3.3 誘電センサーの電極設計に関する一般的考え

数をもつ電流を与える時に実行される．TDR の場合，ステップあるいはパルス関数を与えることによって発生する波形を観測するために，ベクトル・ボルトメータはオシロスコープ画面に置き換えねばならない．高周波数 (>100 MHz) が関係しているため，これにはサンプリング・オシロスコープがよく用いられる．時間領域計測の結果は，フーリエ変換することによって，周波数領域に変換できる．電送線に関する一般的理論（例えば，Wadell[1991] の教科書を参照）にしたがって，電源から開放端までの長さ l の電送線で得られるインピーダンスは，

$$Z = Z_0 \coth \gamma l \tag{3.39}$$

ここで，Z_0 は特性インピーダンス，γ は電送線の伝播定数である．Z_0 と γ はそれぞれ次式で定義される．

$$Z_0 = \sqrt{\frac{R' + j\omega L'}{G' + j\omega C'}} \tag{3.40}$$

$$\gamma = \sqrt{(R' + j\omega L')(G' + j\omega C')} \tag{3.41}$$

(3.39) 式は反復法を利用して初めて解くことができる．それは，計算能力が限られているセンサーには時間を浪費する仕事である．しかし，$\gamma \ll 1$ の値に対しては，近似式 $\coth x \approx 1/x$ が利用でき，(3.39) 式は次式になる．

$$Z \approx \frac{1}{l(G' + j\omega C')} = \frac{1}{G + j\omega C} \tag{3.42}$$

電送線は損失コンデンサのように振る舞う．誘電率は (3.10) と (3.11) を用いて (3.42) 式から計算される．以下では，水の場合について実際のセンサーに対して (3.42) 式が利用できることを実証する．この近似は十分な精度でないことを示す．しかし，このモデルは簡単な修正を施すことによって精確になることを示す．

水中に存在する間隔 d=1.5 cm，半径 r=1.5 mm，ロッドの長さが $l = 5$ cm の一組の 2 本電極を考えよう．この場合の計測周波数は 20 MHz が選ばれる．それは，従来の水分センサーでの経験に基づき，Hilhorst [1984] によって説明され，Halbaertsma *et al.* [1987] や Hilhorst *et al.* [1992] によって評価されている．電送線のインダクタンスは次式から計算される．

$$L = \frac{\mu_0 \mu l}{\pi} \ln \frac{d}{r} \tag{3.43}$$

ここで，$\mu_0 = 4\pi \times 10^{-7}$ H m^{-1} は自由空間の誘電率，μ は相対誘電率で，空気の場合 $\mu = 1$ である．(3.43) 式から，$L = 46$ nH になる．R の計算は可能であるが，難しい．R は電極表面状態，電極との接続性，スキン効果等の関数である．経験から，20 MHz の場合，R は 0.5 Ω と 2 Ω との間の値であることが知られている．ここでは，R は近似的に 1 Ω と仮定する．静電容量 $C = 86$ pF は (3.8) 式に従う形状係数 κ を用いて計算される．L と C の計算値は実際の結果に則している．

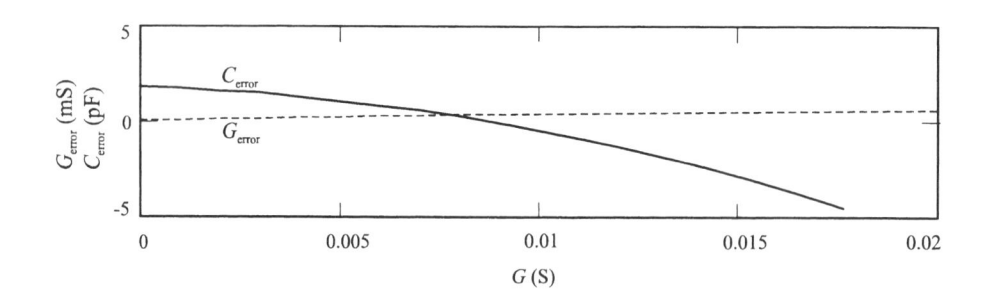

図 3.8　コンダクタンス G の関数としての静電容量の誤差 C_error．破線は G の関数としてのコンダクタンスの誤差 G_error である．誤差は，与えた値と **(3.39)** 及びその近似 **(3.42)** で計算した値との差である．用いた周波数は **20 MHz** である．

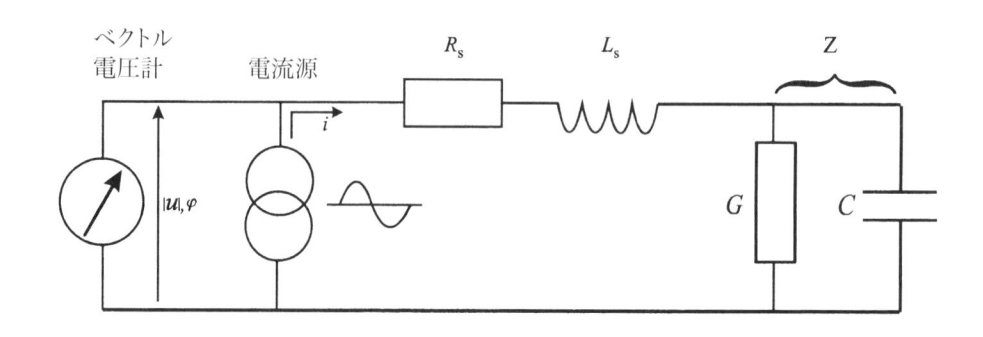

図 3.9　図 **3.7** で与えられる誘電土壌水分センサーの簡略化した電気モデル．これには電極と配線の電気長が含まれている．電線は G と C の並列結合によって置き換えられる．生じた誤差は R_s と L_s を用いて修正される．

$G < 0.01\,\text{S}$ の値の場合，必要条件 $\gamma l \ll 1$ は許容誤差を伴って満たされる．図 3.8 には，与えられた C と G の値とそれぞれ (3.39) と (3.42) に従って計算した値との差として，誤差 C_error と G_error をプロットしている．$G < 0.015$ の場合 C_error が高くなりすぎるとき，(3.42) 式は修正が必要である．(3.39) と (3.42) 式との差は，図 3.9 で示されるように，電極と直列のインダクタ L_s と抵抗体 R_s によって近似される．この近似の場合，インピーダンス Z は次のように表される．

$$Z = \frac{1}{G + \mathrm{j}\omega C} + \mathrm{j}\omega L_\text{s} + R_\text{s} \tag{3.44}$$

静電容量の絶対誤差 C_error とコンダクタンスの絶対誤差 G_error は，与えた値とそれぞれ (3.39) と (3.44) に従って計算した値との差として計算し，G の関数として図 3.10 にプロットしている．コンダクタンスの範囲は $G=0.1\,\text{S}$ まで及ぶ．与えた値と，(3.39) と (3.42)

3.3 誘電センサーの電極設計に関する一般的考え

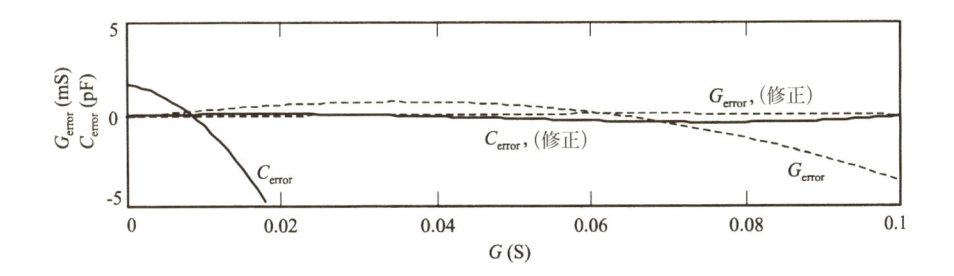

図 3.10 コンダクタンス G の関数として表示した静電容量の絶対誤差 C_{error} とコンダクタンスの絶対誤差 G_{error}. これらの誤差は、与えた値と、未修正の場合は (3.39) と (3.42)、修正の場合は (3.39) と (3.44) に従って計算した値との差として得られる. 用いた周波数は **20 MHz** である.

に従って計算した値との差として得た誤差もプロットしている. 修正成分 L_s=15.16 nH と R_s=0.14 Ω の値は、G=0 と G=0.1 S に対する誤差が最小になるように選ばれる.

上述の誤差とは別に、電極と電子機器との間の配線による寄生的な直列インダクタ L_w や直列抵抗 R_w から発する誤差や、不完全なコンデンサの結合による L_C, R_C から発する誤差がある. これらの誤差は図 3.7b に示される. C や G に対する計測値はこれらの寄生値に対しても補償しなければならない. これは、L_s, R_s に対して L_w, R_w, R_C, L_C を加えることによって都合よく行われる. 計測データから R_s と $j\omega L_s$ を差し引くと、(3.42) 式から C と G を計算することが可能になる.

20 MHz における単一周波数の計測から推論して、図 3.7 の一般化されたモデルは図 3.9 のモデルに簡略化できる. このモデルは $\omega C < G$ と $\gamma l \ll 1$ である限りどの周波数にも利用できる. R_s と L_s の値は、2 つの計測、つまり低周波の水の計測と高周波の水の計測とから決定される. 水の誘電率の実部 ε'_w 及び C は両者の場合一定である.

Hilhorst [1984] が述べたように、バルクの電気伝導度が $\sigma_b < 0.2$ S m^{-1} の土壌における水分計測の場合、図 3.9 で示した簡略法は前の型のセンサーで十分に対応できた. それらの σ_b 値は現場の飽和粘土では納得がいくことが多いが、普通の土壌では少し高めである. Hilhorst *et al.* [1992] によって述べられたように、σ_b が 1 S m^{-1} ほど高いロックウール物質における水分計測の場合、この方法を用いたセンサーの構築に成功している. しかし、1 S m^{-1} 以上のとき L_s と R_s の計測感度は非常に高くなる. Hilhorst [1984] と Hilhorst *et al.* [1992] が述べているセンサーは、R_s と L_s の数学的修正をしないで取り付けている. R_s と L_s を取り除くため、電極に直列に接続している結合コンデンサの向きを変え、回路が直列共鳴するようにした. 直列共鳴の場合、回路のインピーダンスは抵抗値が低く無視できるからである.

誘電センサーの電極設計に関する考察

　土壌水分計測用の誘電センサーを扱う多くの利用者は，電極に関する数多くの実用的な設計概念に気づいていない．ここでは，さらに重要な設計概念について言及し，簡潔に議論しよう．通常，電気設計は応用によってある程度左右され，直感によってうまくいくことが多い．

　土壌水分計測用の誘電センサーの電極は，できるだけ大きく，土壌の撹乱を最小にするものがよいが，決められた体積に挿入しやすいように工夫しなければならない．通常，誘電センサーは，土壌に挿入しやすいように2本以上のロッドの形の電極が用いられる．2本ロッドの場合，サンプル体積を決定している影響圏は3本以上の多ロッドセンサーの影響圏に比べて大きい．したがって，2本ロッドが有利な点は，土壌の乱れを最小限にし，サンプル体積を最大にすることである．サンプル体積が大きい場合の欠点は，センサーが撹乱部分あるいは土壌表面から十分に離れているかどうか利用者が確信を持てないことである．

　本節で述べる常用のセンサーは，3本ロッドで，外側のロッドは互いに接続している．3本ロッドの形は同軸線の原理に則している．Knight *et al.* [1994] が示したように，外側のロッドの数が多いほど，近似はよくなる．同軸線の場合，影響圏はロッド間だけに集中する．3本ロッドでは，影響体積は2本ロッドよりも精確に定義される．しかし，エネルギー密度はロッドの表面で高いが，そのことはセンサーのロッドと土壌との間の接触問題を過敏にさせる．より多いロッドを用いると，この問題は解決するであろうが，センサーの挿入はさらに厄介になる．ロッド近くの高エネルギーの密度は，影響体積を支配する．サンプル体積は，ロッドの長さや径が増加したときだけ増加する．ロッド間の距離を増加してもサンプル体積はほんの少ししか増加しない．ロッドの中間の土壌は，計測にほとんど影響を与えない．土壌の接触問題とロッド周囲の電場の空間分布は，TDRのみならず新しいFDセンサーにも適用される．

　ロッドは電気的に土壌と接触している．干渉電流が土壌からロッドを通して電極へと流れる．これは読み取り時の雑音を多くする．EMIの観点から，2本ロッドセンサーに電導し，完全に平衡した電子機器を用い，EMIを低下させて計測した．一方のロッドが $+u$ ならば，他方を $-u$ にし，土壌を正確にゼロポテンシャルにしておくと，センサーはその環境に電気を伝達させることはない．反対に，両方のロッドが干渉を同等に受ければ，入力回路を流れる電流はない．受けた干渉は入力回路では見ることができない．3本ロッドシステムでは，平衡した状況で電流がロッドを流れると，土壌は与えた電圧の1/3になる．もはや等価な干渉は受けない．干渉信号の一部は電子機器で見ることができるが，信号には計測による雑音が生じている．これは，中央ロッドの表面積を外側ロッドの表面積の2倍にすれば，回避できる．3本ロッド間の静電容量は，共通となる中央ロッドによって2つの等しい静電容量に分割できる．等しい径の3本ロッドの場合，中央ロッド表面の電荷密度は外側ロッド表面の電荷密度より2倍高い．結局，この表面の電流密度も2倍高くな

る．中央ロッドの表面積は外側ロッドの2倍であるから，中央ロッドの表面の電流密度は外側の電流密度に等しくなる．しかし，本論文で用いたセンサーは大きさが等しい3本ロッドである．それらはすでに生産されており，我々の実験環境では，EMI問題はないと期待している．

ロッド表面と土壌との間の境界で電気二重層は予想不可能なインピーダンスを形成する．そのインピーダンスは土壌のインピーダンスと直列にある．この二重層は，白金電極の場合，正しく測定でき安定している．幸いなことに，ステンレスは白金に次いで精度が高く，より経済的である．この効果の実証と詳細については Lawton and Rething [1993] とその中の文献を参照しよう．電極分極とよく呼ばれる二重層の計測精度に対する影響は定量化が難しく，例えば電極材質，表面条件と種類，イオン濃度に依存する．土壌水分のイオン濃度が高ければ高いほど，計測精度に対する二重層の影響は高くなる．著者の経験から，この効果は $f < 1$ MHz で強いが，$\sigma_b > 0.1$ S m^{-1} の土壌においては，$f > 10$ MHz で現れる．

結論

$\sigma_b > 0.1$ Sm^{-1}，20 MHz における誘電計測の場合，電送線は，直列に接合されたインダクタと抵抗体を伴って，導線とコンデンサの並列結合で置き換えられる．(3.44) 式で示されるこの形は (3.39) 式の双曲角度計測の問題を解く場合，都合の良い形である．普通の使用目的で誘電センサーの電極形状を選択する場合，中央のロッドの面積が外側ロッド面積の2倍ある3本ステンレス金属ロッドが良いと思われる．

3.4 新誘電センサー

土壌誘電特性計測用の 20 MHz のセンサー

誘電センサーは応用の種類によって多くの仕様で作られる．ここで述べるセンサーは一般的な利用を目指している．図 3.11 には，3本ロッドの電極に接続した ASIC からなるセンサーを示す．ロッドの先端は，土壌にセンサーを挿入しやすくするため尖っている．3本のロッドは 3.3 節で論じた同軸電送線を近似している．ステンレスロッドは，長さが 60 mm，径が 3 mm，間隔が 15 mm である．柔軟なポリエチレン出力ケーブルには，RS232 信号ケーブルと2本の電源コードが含まれる．このケーブルをマイクロプロセッサか PC に接続すると，これらの計算機はソフトを動かし，さらに信号処理を行う．

誘電率の実部 ε' とバルク土壌の電気伝導度 σ_b は温度に反応する．したがって，温度を計測する必要がある．そのために，温度センサーを中央ロッド内の途中に埋め込んでいる．しかし，従来，土壌の温度係数については，ほとんど分かっていない．したがって，ソフトウェアには，温度係数は含まれていない．考慮下の土壌において，ε' と土壌水分 θ との関係を温度の関数として調べた後，温度係数は明らかになる．

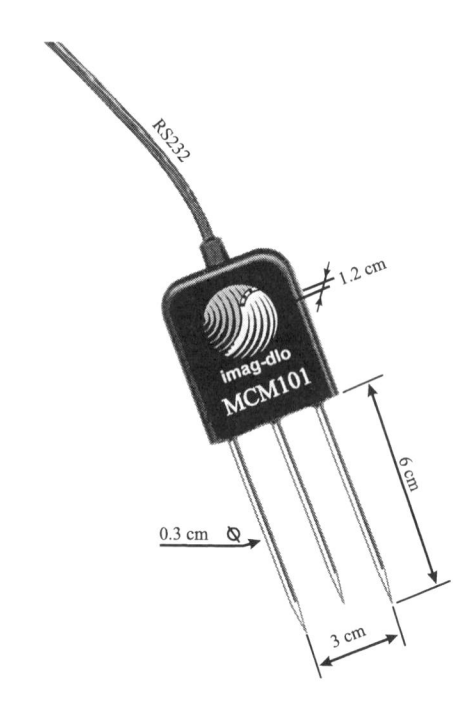

図 3.11　**20 MHz** における，バルク土壌の誘電率と伝導度を計測するための新誘電センサー．温度センサーは中央ロッド内の途中に位置している．

ASIC によって計測されたデータは IMAG-DLO の P.J. Nijenhuis によって開発された特殊なソフトウェアによって解読される．このソフトウェアには，ASIC の出力データから複素インピーダンスを計算し，ε' と σ_b の計算に必要なアルゴリズムが備わっている．そのアルゴリズムによって，データの採取と蓄積が自動的に行えるようになっている．

誘電率と伝導度計測に対する校正

ε' と σ_b を正確に計測するために，誘電センサーを校正する必要がある．水分 θ のような土壌パラメータに対して校正する場合には，ε' とパラメータとの関係を確定しなければならない．校正法は IMAG-DLO の P.J. Nijenhuis が考案した PC ソフトウェアの使用によって得られる．ソフトウェアでは，ε' と σ_b のスケールと電気長の補償パラメータが決定される．そのソフトウェアは，種々の σ の水や空気に対する複素インピーダンスの計測値に基づいて校正を行う．校正する点は自由に選択できる．実際の校正値はタイプ入力され，ソフトウェアに入力される．

センサーは空気，σ=0.017 S m^{-1} の水（水道水），σ=0.1 Sm^{-1} の水，σ=0.2 S m^{-1} の水の基準値で校正する．誘電率スケールは，空気に対する $\varepsilon = 1$ と 20°C の水道水に対

3.4 新誘電センサー

する ε'=80.3 との間で校正する．誘電率スケーリングデータは，σ には独立である．伝導度スケールは，空気の 0 と水の $\sigma = 0.2$ S m^{-1} で決定される．電気長を補償するため，σ=0.017 S m^{-1} の水（水道水），σ=0.2 S m^{-1} の水における計測値から直列のインダクタが得られる．σ=0.1 S m^{-1} の水を使用して，直列抵抗を調節し，これら 3 つの伝導度に対する静電容量の読みが等しくなるようにした．ソフトウェアでは，校正手順中に試行錯誤法を用いた．

誘電計測結果の妥当性

$\sigma_b < 0.2$ S m^{-1} の土壌で利用できる数多くの新しいセンサーが作られてきた．校正後，それらのセンサーは必要条件以内，つまり液体を基準にして，誘電率 ε' と伝導度 σ_b のフルスケールの ± 1% 以内ですべて機能した．典型的な例として，図 3.12 には ε' の計測値に対する σ_b の影響を示している．この計測は 20 MHz で行った．上方の曲線は純水，中央の曲線は水 1/3 とメタノール 2/3 との混合物，下部の曲線は飽和したガラスビーズの場合である．伝導度は NaCl の量を増しながら変化させた．

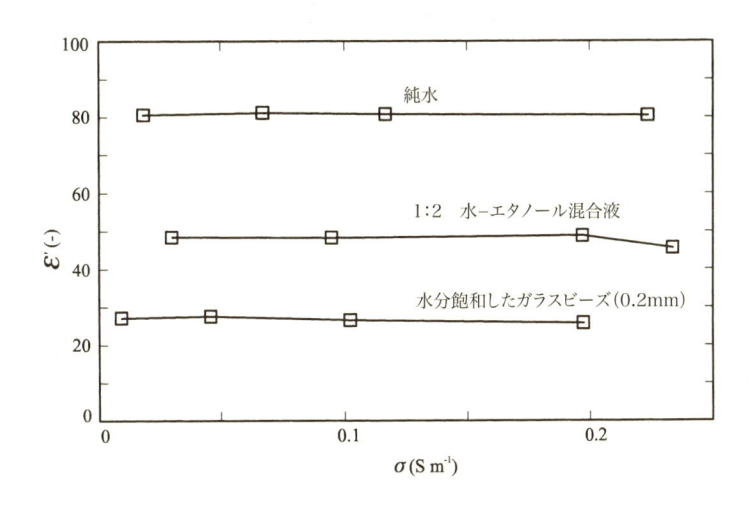

図 3.12　図 **3.11** に示す新しい誘電センサーで，**20 MHz** の下で計測を行った，**20°C** における 3 つの混合物に対する誘電率の実部 ε' とイオン濃度 σ との関係．

σ 計測の結果は，普通の 4 電極付きの低周波（1 kHz）電気電導度計 を用いた計測値と比較した (図 3.13)．液体は，種々の濃度の NaCl の入った 20°C の水である．この図によって，新しいセンサーは基準液体における誘電率と電導度に対してフルスケールの ± 1% 以内の精度で土壌の ε' と σ_b を計測できると結論できる．それは，ほとんどの土壌への応用に関しては十分な精度である．

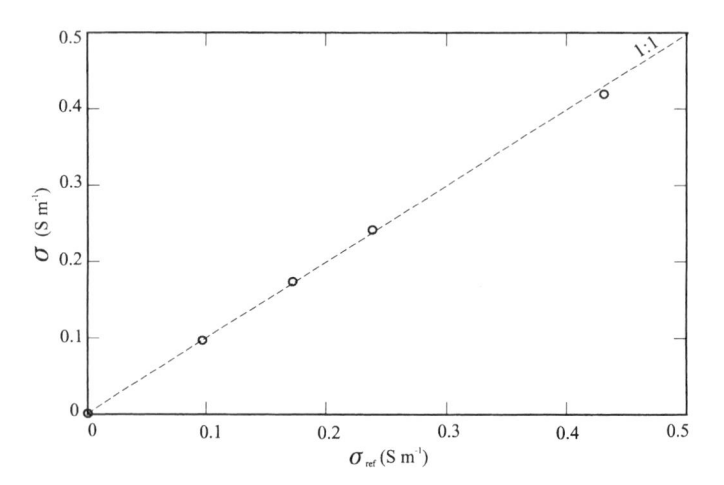

図 3.13 図 **3.11** の新しい誘電センサーで計測した **20°C** における電導度 σ と，室内電導度計を用いて **1 kHz** で計測した **20°C** の水－**NaCl** 基準溶液に対する伝導度 σ_{ref} との関係．○印は計測値である．

第 4 章

応　用

　土壌水分 θ の計測は誘電特性あるいは土壌の複素誘電率 ε を用いて行われる．第 3 章では，ε を計測するための新しいセンサーについて述べた．誘電率 ε の実部 ε' は θ と関係づけられる．これらの $\varepsilon'(\theta)$ 関係あるいは校正曲線は，土壌間隙率，土壌のマトリック圧，土性，計測周波数の関数である．第 2 章では，著者は校正曲線を予測するモデル (2.61) 式を開発した．4.1 節では，種々の土壌に対し，時間領域反射法（TDR）と共に新しい周波数領域（FD）センサーを用いて計測した校正曲線を表す．これらの結果は，校正曲線の予測式と比較する．

　バルク土壌の電気伝導度 σ_b はこれらのセンサーで計測できるが，多くの土壌や装置の変数によって影響を受ける．σ_b よりも，マトリックス中の水のイオン伝導度 σ や電気伝導度 EC に関心を抱くことが多い．Malicki et al. [1994] は TDR を使用して，σ_b と ε' の計測から σ を決定する魅力的な方法を述べている．本章では，FD センサーを用いたこの方法を開発する．3 つの周波数で計測した誘電率（第 2 章）によって，マックスウェル・ワグナー効果を特徴づけることができる．4.3 節では，σ_b が ε' といかに関係しているか，そのマックスウェル・ワグナー効果が σ_b に対していかに適用できるかについて述べる．

　土壌の誘電特性は構成しているすべてのものによって影響される．油脂や塩化物溶剤のような汚染物も σ_b と ε' を同様に変化させる．4.4 節では，汚染された土層を見つけるため，FD センサーの改良型を用いていかに σ_b と ε' の同時計測ができるかを示す．

　土性，イオン濃度，結合水の関数としての土壌の誘電挙動をシミュレートするため，硬化しているコンクリートを用いることができる．水和中に，コンクリートは σ_b とともに ε' に対してもいくつかの特徴を示した．これらの現象は，物質の微視的特性の変化や成分特性の変化と関係している．それらの特性は土壌の種類によって異なっている．コンクリートの誘電特性は，4.5 節で取扱うことにする．

4.1 誘電土壌水分計測

方法と材料

校正曲線である $\varepsilon'(\theta)$ の計測値と計算値とを比較するため，Dirksen and Dasberg [1993] と Dirksen and Hilhorst [1994] のデータを用いた．データは，周波数領域 (FD) センサーと時間領域反射（TDR）センサーを用いて得られた．

TDR 計測は，TDR ケーブルテスター [Tektronix, Model 1502B] を用い，10 MHz から 1 GHz までの主要周波数領域で行った．ケーブルテスターと TDR センサーとの間の 50Ω ケーブル長は 3.2 m である．ケーブルテスターで得られた波形は，コンピュータに蓄積され，Heimovaara and Bouten [1990] によって開発されたプログラムを用いて，後で読み出したり，解析したりする．土壌中の電極の入力端に相当する TDR 波形の正確な位置は，空気と水の計測から決定した [Heimovaara, 1990]．

3.4 節で述べた新しい FD センサーは，約 2.5 秒で ε を計測でき，解析の必要がない．誘電率の虚部 ε'' は，誘電損失 ε''_d と土壌水分のイオン電導度 σ による損失との和である．FD センサーの計測周波数は，20 MHz であった．この周波数では ε''_d はほとんどの土壌で無視できる（図 2.15 を参照）．したがって，ε'' はバルク土壌のイオン伝導度に等しく，NaCl 溶液の校正に基づき，温度関係から 20°C の温度に対して修正される．

電極の形は，両センサーの場合同じである．すなわち，長さ 9.6 cm，径 0.2 mm，間隔 1.0 cm の 3 本ロッドである．これによって，FD センサーと TDR センサーで得られる結果の比較が可能になる．計測はすべて，室温の実験室で行った．FD と TDR の計測後，シリンダーから土壌を取り出し，重量法による水分計測を行うためサンプルを採取した．水分量から，シリンダーの平均バルク密度に基づいて，θ 値を計算した．θ の増分を 0.02 から 0.03 にし，これらのステップを各土壌について 8 から 12 回繰り返した．

Dirksen and Dasberg [1993] と Dirksen snd Hilhorst [1994] の研究で述べた 11 種の土壌をこの節では用いた．

これらの土壌に含まれれている主な粘土の種類は，X-線回折で決定した．このグループは 5 つのオランダの土壌，すなわち細砂，Groesbeek レス（典型的な Hapludalf），Wichmond 渓谷底部砂質ローム（典型的な Hapludalf，スメクタイト，バーミキュライト），Munnikenland 沖積シルト質粘土ローム（典型的な Hapludalf，イライトとカオリナイト），Y-ポルダー海成シルト質粘土（典型的な Hapludalf，イライトとカオリナイト），さらにブラジル Humic Ferralsol（典型的な Acrortox，ギブサイトとカオリナイト），フランス地中海性赤色土壌（典型的な Rhodoxeeralf，イライトとカオリナイト），ケニア pellic Vertisol（典型的な Pellustert，スメクタイト），他に 3 つの純粋な粘土鉱物，ベントナイト（スメクタイト，Osage, WY から得られる），イライト（Gurundite Co.），パリゴスカイト（palygorskite）とも呼ばれるアタパルジャイト (Attapulgite) の土壌からなる．アタパ

4.1 誘電土壌水分計測

表 4.1 本研究で用いた土壌の比較．間隙率とバルク密度は土壌を詰めたカラムの平均である．吸着水分量は $\theta_\mathrm{h} = \delta \rho_\mathrm{b} S_\mathrm{A}$ で予測し，風乾土壌で計測した．ここで，水の単分子層の厚さ $\delta = 1 \times 10^{-10}$ m である．出典は **Dirksen and Dasberg [1993]** と **Dirksen and Hilhorst [1994]** である．

土壌	粘土	シルト	砂	有機物	間隙率 (平均値) ϕ (-)	乾燥強度 (平均値) ρ_b (g cm^{-3})	比表面積 S_A (m^2 g^{-1})	吸着水分量 (平均値) θ_h (-)	吸着水分量 (計測値) θ_h (-)
	(%)	(%)	(%)	(%)					
Fine sand	0	0	100	0	0.48	1.41	≈ 0.1	0	0
Groesbeek	10	70	20	0.95	0.43	1.49	25	0.011	0.017
Wichmond	14	31	55	4.3	0.47	1.36	41	0.017	0.022
Ferrasol-A	63	26	11	0	0.56	1.14	61	0.021	0.025
Munnikenland	40	56	3	5	0.57	1.13	79	0.027	0.035
Mediterranean	40	34	27	0.4	0.47	1.38	93	0.039	0.043
Y-Polder	45	42	13	4.6	0.59	1.08	107	0.035	0.040
Illite	100	0	0	0	0.51	1.30	147	0.057	0.050
Attapulgite	100	0	0	0	0.80	0.55	270	0.045	0.039
Vertisol	86	10	4	1.4	0.63	0.92	428	0.118	0.118
Bentonite	100	0	0	0	0.64	0.94	665	0.187	0.114

ルジャイトは繊維質の構造を持った水分吸着容量の高い粘土鉱物で，一般の土壌ではめったに見られない．地中海性土壌と Y-ポルダー土壌では，最初 TDR を用いた．土壌材料が不十分なため，これらは FD が使用できなかったからである．

2 度の試行からすべての決定を行った．風乾土壌（これは <2.0 mm で篩って調節したものである）を用意し，自動灌水装置を用いて，好みの水分量に段階ごとに調整した [Dirksen and Matula,1992]．各水分量で土と水が完全に混合した後，径 5 cm，長さ 12.5 cm の 2 つのアクリル円筒にできるだけ一様な密度になるように詰めた．

FD と TDR 計測後，土壌サンプルを採取し，平均水分量 m，熱乾燥質量 m_0，体積 V を決定した．土壌の乾燥バルク密度 ρ_b は，次のように計算される．

$$\rho_\mathrm{b} = \frac{m_0}{V} \tag{4.1}$$

θ は

$$\theta = \frac{m - m_0}{\rho_\mathrm{w}} \frac{1}{V} \tag{4.2}$$

ここで ρ_w は水の密度 (1.0 g cm^{-3}) である．

最初，同じ土壌材料の円筒をすべて同じ ρ_b で詰めようと試みた．不可能でないにしても，異なる水分量でこれを行うのは難しいので，異なる水分量に対して 2 つか 3 つの異なる ρ_b で詰めた．その結果，ρ_b が増加するにつれて，θ が増加することになった．これ

によって，誘電特性に関する影響についての多くの情報が得られ，内挿が可能になった．センサーは土壌円筒の中の穴に密着するように 2 cm の厚さをもつ塩ビ管ガイドを使って押し込んだ．これは細くて柔らかいロッドの屈曲を最小限にとどめ，狭い土壌カラムの中央にセンサーを導くのに役立つ．穴の面全体からガイドを分離し，ガイドを除いて，センサーをすべて押し込んだ．

比表面積 S_A は，水と同様に粘土鉱物表面に吸着されるエチレングリコールモノエチルを用いて計測した [Carter et al., 1986]．計測される吸着水分量 θ_h（風乾）はおよそ次式に等しい．

$$\theta_h = \delta \rho_b S_A \tag{4.3}$$

ここで，$\delta = 3 \times 10^{-10}$ m であり，水の単分子層の厚さである（表 4.1 も参照）．

TDR 計測による誘電率の感度の電気伝導度依存

TDR を用いて，電送線に沿って伝播するステップ関数の速度が計測される．電送線は土壌中に置かれた平行ロッドで形成される．この伝播速度は誘電率の実部 ε' とバルク土壌の電気伝導度 σ に依存し，結果的に TDR の見かけの誘電率 ε_{TDR} が得られる．Topp et al.[1980] は ε' と ε_{TDR} を等価にすることを提案し，それによって，ε_{TDR} に対する σ_b の影響が無視できると仮定している．しかし，さらに正確な計測を行う場合，ε' を得るため ε_{TDR} を修正しなければならない．Wysesure et al. [1997] による計測にしたがって，$\sigma_b > 0.2$ S m^{-1} の場合には，修正が必要である．

ステップ関数の適用は幅広い周波数スペクトルと関係している．スペクトルの一部は電送線の端で反射したのち減衰し，発生源に戻る．電送線は電気のローパスフィルターとして作用する．電送線の等価回路は 3.3 節で述べている．通過した周波数バンドの内で最も高い周波数成分はコンデンサを通過する最も高い電流成分をもつ．コンデンサを通過する電流は ε' に比例する．したがって，通過した周波数バンドの内の最も高い周波数は計測を支配する．この周波数はバンド幅に等しい．電気フィルター理論 [例えば，Bird, 1980] から，ローパスフィルターのバンド幅はステップ関数を適用したとき，出力信号の立ち上がり時間 τ から得られることが分かる．τ は反射されたステップ波が振幅の 0.66 倍に達するのに必要な時間として定義される．

TDR システムのバンド幅 f_{TDR} は τ から計算できる．TDR と FD を比較すると，TDR に対する等価計測周波数は f_{TDR} で近似できる．それは，電送線を通過した最も高い振幅をもつ正弦波の電流成分の周波数である．f_{TDR} は次式によって τ と関係づけられる．

$$f_{TDR} \approx \frac{1}{2\pi\tau} \tag{4.4}$$

f_{TDR} は土壌の ε' と σ_b とに依存する．この周波数の依存性は，NaCl の水溶液で飽和した 0.2 mm のガラスビーズを用い，特定のケーブル長で試験した．その結果を表 4.2 に示す．White et al. [1994] にしたがうと，ε_{TDR} は σ_b の関数として，次式のように表される．

4.1 誘電土壌水分計測

表 4.2　誘電率の実部 ε' とバルク土壌の電気伝導度 σ_b の異なる組み合わせに対する TDR の等価計測周波数.

誘電率の実部 ε' (-)	バルク土壌の電気伝導度 σ_b (S m^{-1})	等価計測周波数 f_{TDR} (MHz)
80.3	0.01	159
28.0	0.03	187
80.3	0.20	209
28.0	0.16	289

$$\varepsilon_{\text{TDR}} = \frac{\varepsilon'}{2}\left[1 + \sqrt{1 + \left(\frac{\varepsilon_d'' + \frac{\sigma_b}{2\pi f_{\text{TDR}}\varepsilon_0}}{\varepsilon'}\right)^2}\right] \tag{4.5}$$

一見して，(4.5) 式は ε_{TDR}, σ_b, f_{TDR} から修正した ε' を計算するのに利用できるかもしれないが，著者の意見では (4.5) 式は混乱と誤解を招きやすい．この式は (3.41) 式で示したように電送線における電磁正弦波の伝播定数 γ から導いた．その γ は，S 字波に対する初期の電信方程式 [Wadell, 1991] から導いている．TDR では電送線にステップ関数が与えられる．ε_{TDR} について言うと，反射信号の理解に修正を加える場合，この電信方程式はステップ関数の時間領域で計算（work out）すべきである．

表 4.2 で示したように，f_{TDR} は ε' と σ_b の関数である．したがって，σ_b の変化に対して ε_{TDR} を適切に修正するために (4.5) を利用することはできない．ゆえに，精度はよくないが，この章では，ε_{TDR} を修正していない．

水分量の関数である誘電率の計測値と予測値との比較

TDR 計測から得た見かけの誘電率 ε_{TDR} は表 4.1 の土壌に対して (2.61) 式に従って予測した誘電率の実部 ε_p' と比較する．飽和付近では何ら決定できないことに注意しよう．計測値と予測値との差 $\Delta\varepsilon = (\varepsilon_{\text{TDR}} - \varepsilon_p')$ を，比表面積 S_A の増加の順に，θ の関数として図 4.1 にプロットしている．Vertisol とベントナイトの場合，$\theta > 0.3$ のときの $\Delta\varepsilon$ に対する値は大きすぎてこのスケールではプロットできなかった．Groesbeek, Wichmond, Mediterranean は別にして，すべての土壌は $\Delta\varepsilon$ に対して明らかに増加傾向を示した．これは $\theta > 0.3$ の場合と，高い S_A 値の場合さらに著しくなる．この増加は，マックスウェル・ワグナー効果によって説明できる．この効果は，(2.61) 式を用いて ε_p' を予測するときには考慮しなかった．(2.65) 式を用いた予測から，もっと良い結果が期待される．予測子として (2.65) 式を用いるため，パラメータ K と土性との関係をまず解析すべきである．

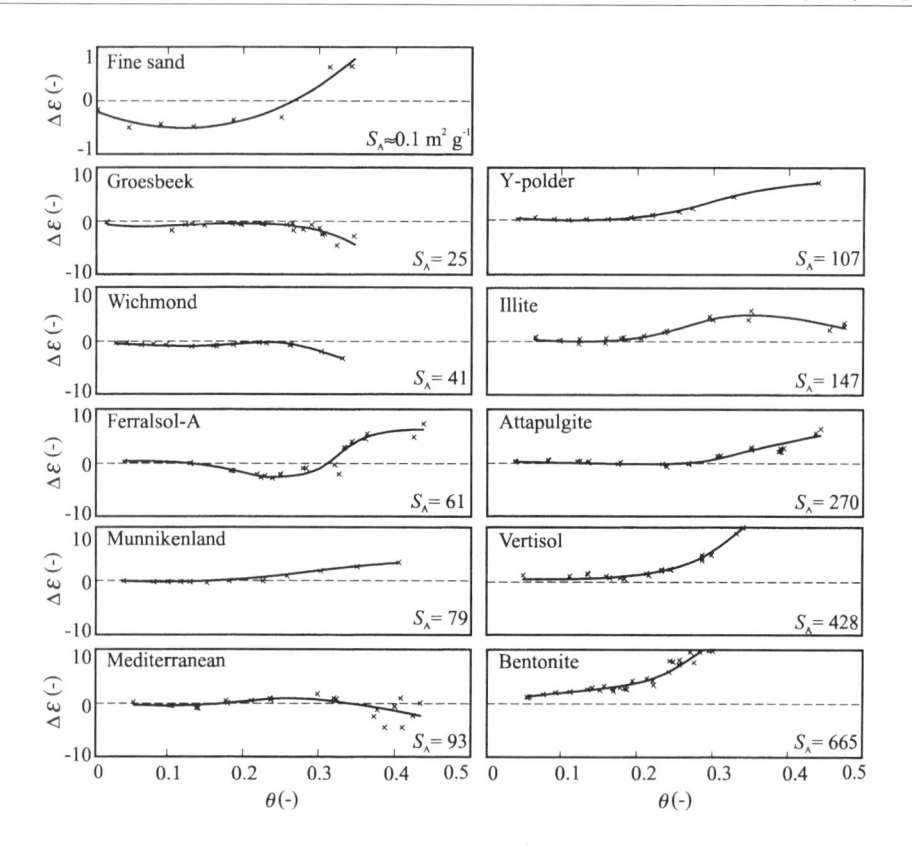

図 4.1 **TDR** で計測した見かけの誘電率 $\varepsilon_{\mathrm{TDR}}$ と，**(2.61)** 式によって予測した誘電率の実部 $\varepsilon'_{\mathrm{p}}$ との差 $\Delta\varepsilon$．表 **4.1** の土壌に対して $\Delta\varepsilon$ は，比表面積 S_{A} が増加する順序で水分量の関数としてプロットしている．

K は S_{A} の増加と共に増加すると期待される．マックスウェル・ワグナー効果を考慮しなければ，$\Delta\varepsilon$ は S_{A} の増加に伴って増加する．図 4.1 のプロットの結果は，この説明を支持している．

Groesbeek, Wichmond, Mediterranean 土壌では，$\Delta\varepsilon$ が少し減少した．これらは最も高いバルク密度 σ_{b} をもつ土壌である．イライトの σ_{b} も高いが，その校正曲線はこの点に関しては不透明である．イライトの場合も $\Delta\varepsilon$ の減少があるかもしれないが，それは，あったとしても，他の影響によって隠されてしまう．$\Delta\varepsilon$ の減少は水―固相界面による脱分極係数 S によって説明できる．S は σ_{b} の関数であるが，次の説明の方が相応しい．2.6 節において，ガラスビーズでは $S=0.33$ であると推定した．土壌粒子とは対照的に，ガラスビーズは滑らかな表面をもつ球形をしている．土壌の場合の S は，球形の S で近似できるが，形の違いや表面の粗さを考慮して修正すべきである．$\varepsilon'_{\mathrm{p}}$ に対する S の影響を明らかにするため，図 4.2 には Groesbeek, Wichmond, Mediterranean 土壌のデータを

4.1 誘電土壌水分計測

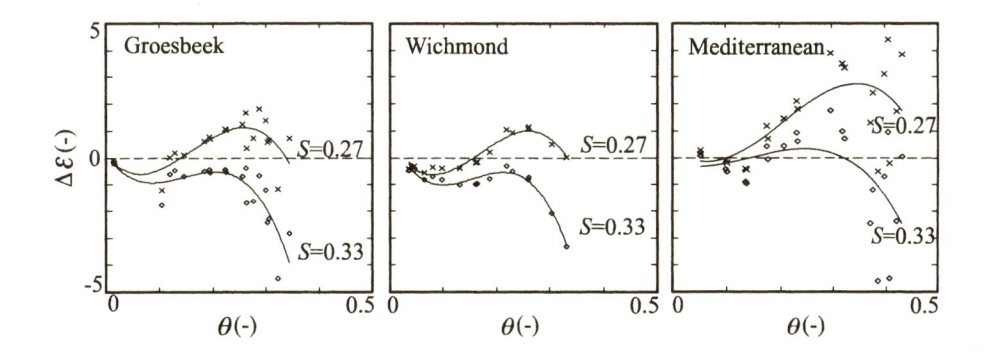

図 4.2 　TDR で計測した見かけの誘電率 ε_{TDR} と，**(2.61)** 式によって予測した誘電率の実部 ε'_p との差 $\Delta\varepsilon$. 小さな脱分極係数 S の効果は，表面粗さと粒子形状に依存し，**S=0.33** と **S=0.27** に対してそれぞれ ◇ と x で示している．実線はデータに適合する**3** 次の多項式を示している．$\Delta\varepsilon$ は，比表面積 S_A が増加する順序で水分量 θ の関数としてプロットしている．

$S=0.33$ と $S=0.27$ の場合に対してプロットしている．$S=0.27$ の値は曲線の端がゼロになるように選んだ推定値である．

すべてのデータに対して，3 次の多項式を適合させた．S 字曲線の角度が増加する順序は，これら 3 つの土壌に対する S_A の増加と一致している．これは，図 4.1 から分かるように，他の土壌の挙動と一致する．結論的に，ガラスビーズで決定した $S=0.33$ は普遍的に使用できるとは思えない．高い精度を得るため，調べている土壌に対する S を決定しなければならない．

(2.61) 式を用いて ε'_p を予測するとき，気泡の影響は考慮しなかった．2.3 節で説明した著者の仮説によれば，気泡は ε_{TDR} の増加を招き，結果的に θ の増加に伴い $\Delta\varepsilon$ は増加する．ε_{TDR} が最大値になった後，$\Delta\varepsilon$ は再び減少し，$\theta=\phi$（間隙率）の場合に相当するゼロの値に接近する．図 4.1 では，イライトの場合に，気泡の影響が最も顕著である．図 4.2 の S 字曲線は，気泡の効果に対する仮説を正当化している．

ε_{TDR} は σ_b に敏感であるが，TDR に関する正しい理論を用いた修正は行われていない．その結果生じる計測誤差は，マックスウェル・ワグナー効果に追加され，とくに高い θ と高い σ_b で $\Delta\varepsilon$ の増加を来す．計測におけるこれらの 2 つの効果を分離することは不可能である．

新しい FD センサーの校正曲線

有名な"Topp 曲線"[Topp *et al.*, 1980] の文献で発表された校正曲線と比較することは有益に思われる．Topp の校正式は，TDR 水分計測において，一般に受け入れられている校正式である．それは，一般に砂に対しては正確であるが，多くの砂質ロームや粘土質

ローム土壌の場合は平均量を表す．ここでは，この式が平均土壌に対して妥当であることに基準を置こう．

$$\varepsilon_{\text{average soil}} = 3.03 + 9.3\,\theta + 146\,\theta^2 - 76\,\theta^3 \tag{4.6}$$

表 4.1 の 100 %細砂に対して新しい FD センサーを用いて計測したデータを，TDR による計測データと共に，図 4.3 に示す．(2.61) 式によって予測した曲線も同じグラフの中に描いている．その関係はほとんど同じで，Topp の校正曲線の少し下に位置している．誘電パラメータは，ε_s=4.0 の代わりに 3.5 を用いた以外は，(2.61) 式を用いた他の計算とすべて同じである．これは理に適っている．なぜなら，TDR センサーと FD センサーは θ=0.0021, ϕ=0.438 のとき共に ε'=2.4 を計測するからである．グラフの各点で ϕ を計測し，ε'_p の予測に用いたが，Topp の曲線では ϕ は考慮されていない．本論文では ε_w=80.3 を用いたのに対し，Topp は基準として 20°C のときの ε_w=81.5 を用いていることに注意しよう．

FD センサーの計測周波数は 20 MHz であるが，TDR センサーの等価な計測周波数は 150 MHz 以上である．このことから，純粋な砂の ε' は 20 MHz と 150 MHz との間のある一定値と結論づけることできる．この結果は，細砂に対して予測した (2.61) 式の校正曲線を基準として使用することが妥当であることを示す．Topp 式に比べて，(2.61) 式の利点は，(2.61) 式の方がより基本的であり，間隙率 ϕ と結合水 θ_h の分離を可能にすることである．ϕ=0.48 の細砂の場合，(2.61) 式で本節の基準として $\theta_h \approx 0$ を用いた．この曲線は θ=0.5 のところまで外挿した．

表 4.1 の 8 つの土壌に対して，細砂の場合に予測した式が比較されている（図 4.4）．Mediterranean 土壌と Y-ポルダー土壌はこの実験には含まれていない．図 4.4 に示す FD データは，種々の土壌では 20 MHz における実験データと概略一致している [たとえば, Smith-Rose, 1933; Campbell, 1990; Wensink, 1993]．

細砂の場合，校正曲線と FD データとの間に見られる差は，周波数に依存する土壌の誘電挙動の違いによるものであり，第 2 章で説明したように，マックスウェル・ワグナー効果，対イオンの分極化，気泡の影響によって影響を受ける．FD センサーで得られる急勾配の校正曲線は，そのセンサーがとくに低水分域で TDR の変化よりも敏感に働くことを示している．データを通る実線は，手で引かれている．それらの線における計測のずれのほとんどは密度の変動によるものである．これは，ベントナイトのとき顕著である．

Ferralsol の場合，θ=0.25 付近で校正データに著しい不連続性があることに注意しよう．この挙動は，TDR の場合でも，同じ ε' の値で Dirksen and Dasberg [1993] によって見出されている．これは，Ferralsol の粘土とシルト含量が高いにもかかわらず，20 MHz と 150 MHz との間の誘電スペクトルが平坦であることを意味する．Ferralsol は第 2 章で展開した一般的理論の例外であると思われる．Ferralsol の不規則性には 3 つの説明が可能である．第 1 に，それは粘土サイズの土粒子内にある約 25% の微小間隙のためである．

4.1 誘電土壌水分計測

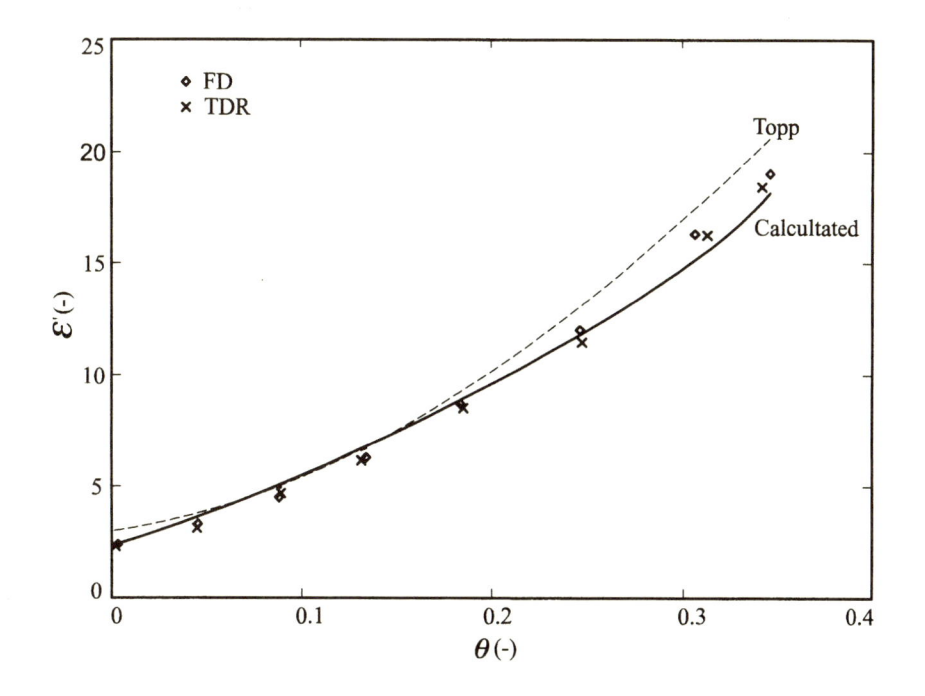

図 4.3 土壌水分 θ の関数としての誘電率の実部 ε'. これらは，表 **4.1** の細砂に対して **20 MHz** で新しい **FD** センサーで計測したデータと **TDR** による計測データを含んでいる．比較のため，**Topp** の校正式 **[Topp et al., 1980]** と，**(2.61)** 式による校正式を与えている．

それによって土壌の土性は 60% 以上変わる．Dirksen and Nitzsche [1994] との私的な通信によると，校正曲線の異常な形はこの二重間隙 (dual porosity) によるものらしい．著者の意見では，前述のように，粘土サイズの土粒子は，マックスウェル・ワグナー緩和の計測可能な範囲にすでに入っている．これら粒子の微小間隙における薄い固相の壁はマックスウェル・ワグナー効果をさらに拡大する．しかし，Ferralsol の誘電挙動はこの解釈に反するものである．

第 2 の説明は，主に金属酸化物からなる Ferralsol の透磁率 (magnetic permeability) の寄与である．第 3 のもっともらしい説明は，水－固相界面に脱分極係数 S がこの挙動を引き起こしたということである．第 2 章には，水－空気連続体において球形の固相をしているガラスビーズの S 値が推定されている．例えば，De Loor [1956] と Nyfors and Vainikainen [1989] によると，固相の連続体のように，低誘電率の中に水を混合したときの誘電率は，水の中に固相を混合した場合より低いはずである．したがって，Ferralsol の場合，θ の値が低いとき S <0.33 になると推定される．微小間隙が満たされるとすぐに，S は急激に $S=0.33$ に増加するであろう．$\theta=0.25$ 付近で物理的特性（湿潤土のコンシステ

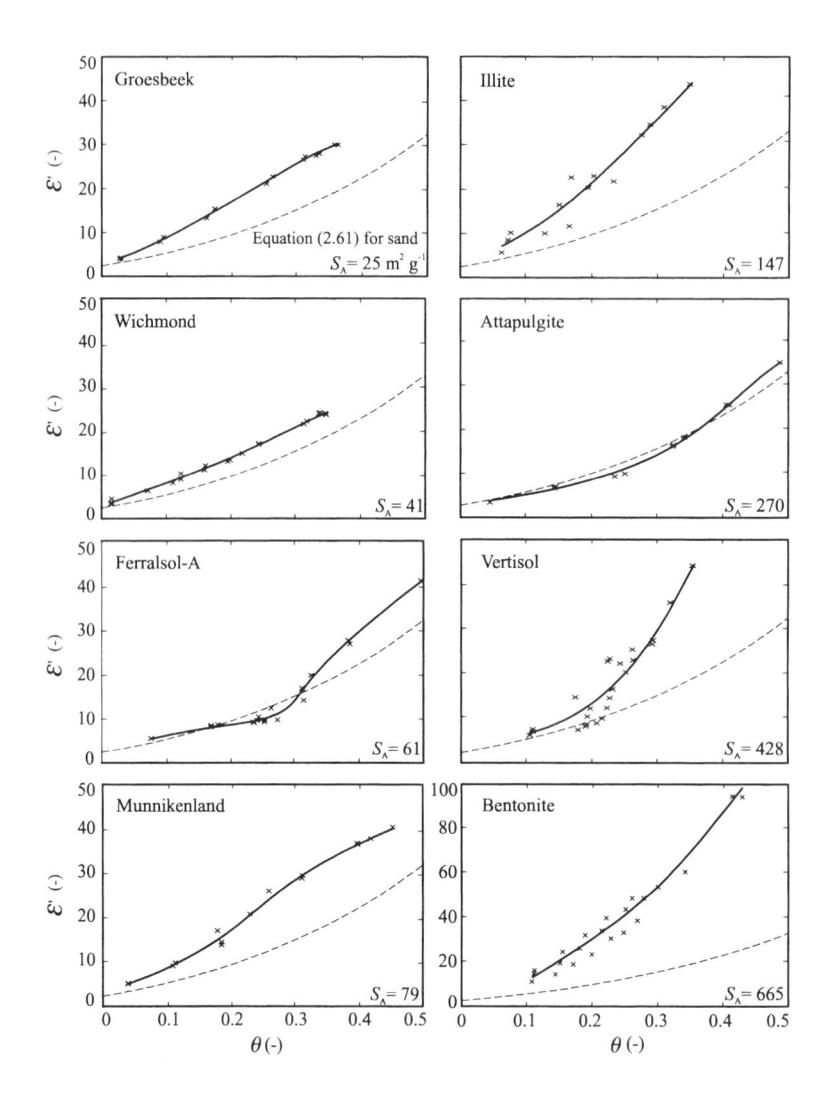

図 4.4 表 **4.1** の **8** つの土壌に対する，体積含水率 θ の関数としての複素誘電率の実部 ε'．×印は **FD** センサーによる計測値 **[Dirksen and Hilhorst, 1994]**．グラフは比表面積 S_A が増加する順序で表されている．比較のため，破線は **(2.61)** 式による細砂に対する校正曲線を表している．実線は手で引いた．

ンシー）が急激に変化することが Dirksen によって観測された．このことはここでの仮説を支持していると考えられる．

　Dirksen and Dasberg [1993] は TDR センサーの校正の必要性を説いた．図 4.4 から，θ を正確に計測するには FD センサーも校正が必要なことは明らかである．事実，20 MHz における FD センサーの校正の必要性は TDR に比べて高い．2.4 節で扱った理論に基づ

4.1 誘電土壌水分計測

くと，FD センサーの場合もっと高い計測周波数を用いれば，TDR の場合に比べて校正の必要性が低くなると仮定できる．

結論

TDR を用いた土壌の誘電率の実部の計測は土壌の電気電導度によって影響される．計測反射時間と誘電率との関係を表す (4.5) 式は，単一の周波数に対して導かれた簡略式に基づいている．これらの式は伝導度が無視される場合のみ有効である．既存の理論では，土壌の計測誘電率に対する伝導度の影響を適切に修正することは不可能である．時間領域でステップ関数を与える際，伝導度を説明するためには，その考えに基づいていなければならない．

新しい FD センサーを用いた土壌の複素誘電率の計測は，土壌の伝導度に影響されず，$1\,\mathrm{S\,m^{-1}}$ ほどの高い伝導度における計測を可能にする．TDR に比較して，新しい FD センサーはより低い計測周波数を用いるため，マックスウェル・ワグナー効果に対して感度が高くなる．TDR とは対照的に，FD で用いる低い不連続の計測周波数は，構造 (texture) 解析に対するマックスウェル・ワグナー効果を特徴づけたり，その効果を除去したりするのに役立つ．

FD と TDR では，誘電率の実部と水分量とを関係づけるとき，共にセンサーを校正する必要がある．20 MHz における FD センサーの校正の必要性は，TDR の場合より高い．その校正の必要性は，より高い計測周波数を用いると低下する．低または中水分域 (< 0.25) では TDR で計測した値は第 2 章の理論に従って予測した値とよく一致した．より高い水分域，とくに粘土の場合，予測値と計測値はマックスウェル・ワグナー効果によってずれが生じた．

2.6 節で提案した脱分極係数 S は，土壌の種類に依存すると思われる．土粒子の表面粗さと形状は誘電率を減少させる一因になるかも知れない．微小間隙率の影響はさらに顕著である．Ferralsol のように，固相に微小間隙率を含む土壌の場合，S は水分量に依存するようになる．予測値 $S=0.33$ は，合理性のある相関から得られるが，解析を正確にするには，個々の土壌に対して脱分極係数を水分量の関数として決定することを考えねばならない．細砂の場合，(2.61) 式で予測した校正曲線と，TDR センサー及び新しい FD センサーで計測した値とはほとんど同一で，Topp の校正曲線の僅か下方に位置する．Topp の曲線よりも (2.61) 式のもつ利点は，(2.61) 式の方がより基本に従っていて，土壌の間隙率や結合水分量を考慮できることである．

4.2 土壌溶液の電気伝導度計測

半乾燥地域では，土壌塩類は大きな問題である．土壌塩類の測度として，土壌マトリックス中の水の比電気伝導度 σ_w（電気伝導度あるいは EC とも呼ばれる）がよく用いられる．断面積 1 m² 当たり，物質（水又は土壌）の単位 m 長さ当たりの伝導度は頭に"比"をつけて表す．土壌溶液の電気伝導は，イオンの移動と誘電吸収 (dielectric absorption) によって起こる．ここでは，イオンによる伝導だけに対する測度を見出すつもりである．2 つの伝導現象を区別することができるように，"イオン伝導度" という用語を，土壌マトリックスから抽出された水の比イオン伝導度に対して用い，その単位は S m^{-1} で表す．誘電吸収は抽出された（自由）水において，1 GHz 以上の周波数で役割を演じる．ほとんどの塩分計や伝導度計は 1 MHz 以下の周波数で働く．したがって，誘電吸収は一般に無視されている，すなわち $\sigma = \sigma_w$ である．σ は土壌から抽出された水の伝導度として定義されるので，それは結局土壌マトリックスあるいは土壌水分量 θ によって影響されない．バルク土壌の電気伝導度 σ_b は θ と σ_w の関数であり，σ_w の誘電吸収項を含んでいる．土壌マトリックスに結合している水は自由水よりも低い緩和周波数をもっている（2.2 節を参照）．これは無視できるとは限らないが，明確にするため無視する．

σ を計測する一つの手法は，土壌マトリックスから水のサンプルを抽出することによる．これは厳しい仕事であり，自動化には適さない．さらに，抽出したサンプルにすべてのイオンが収集されたかどうか確信できない．しかし，σ に関係している σ_b を計測するのは容易である．3.4 節で述べたように，FD センサーを用いた σ_b の計測は容易に実行できる．σ は定義によって σ_b と関係し，σ_b はまた θ と関係している．Mualem and Friedman [1991] は σ と σ_b との関係を，よく用いられる経験モデルで表している．このモデルには，θ，間隙率 ϕ，さらに 2 つの経験パラメータが必要である．

Malicki et al. [1994] は，広範囲の土壌に対して，TDR を用いて計測した誘電率の実部 ε' と σ_b との線形相関が高いことを見出した．彼らは，σ_b と ε' の同時計測から σ を計算する魅力的な方法を見出している．著者の考えでは，彼らの経験関係式は改善できる．著者は，両パラメータに基づく，もっと基本的な関係を導くため，少し違った角度から問題に接近する．まず，湿ったビーズで新しいモデルを試験する．次に，Dirksen and Hilhorst [1994] から得られる σ_b と ε' の同時計測値に対してモデルを適用する．これらのデータは，4.1 節で述べたように，20 MHz-FD センサーで計測した．

σ_b の計測値にマックスウェル・ワグナー効果の適用が期待できる．それから生じる周波数関係は，Dirksen and Hilhorst [1994] の計測で使った 3 つの土壌に対して，FD センサーを用い 10 MHz，20 MHz，30 MHz で得られたデータを用いて解析した．

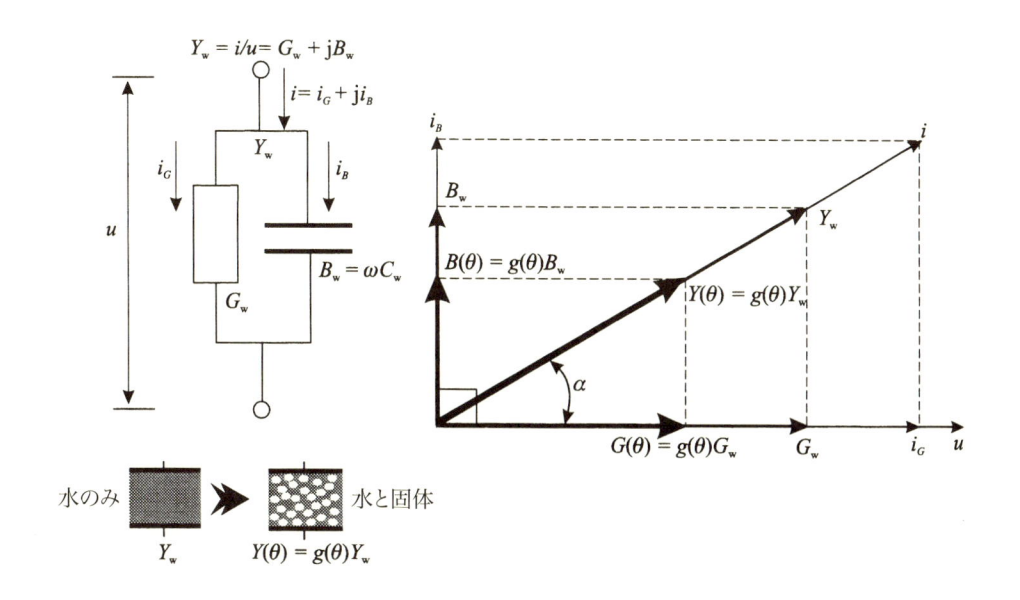

4.2 土壌溶液の電気伝導度計測   87

図 4.5 誘電センサーの電極間の計測アドミタンスに対する土壌の固相を水に置換したときの影響.

土壌溶液のバルク電気伝導度とイオン伝導度との関係
[理論]

　σ_b と θ との関係は ε' と θ との関係と似ている．このことは，土壌マトリックスの各点において電流密度を考慮することによって証明される．それは，電磁気学に関するマックスウェルの4つの基礎式から始まる [Lorrain et al.,1988]．コンデンサや導線の並列結合を誘電センサーの電極間の等価回路として直接説明すれば，電子工学の背景を全然あるいはほとんど持たない人にも，容易に理解できるようになると信じる．

　最初に，電極間に水だけがある状況を考えよう．その場合，電極間の複素アドミタンス Y_w は，水を通る正弦波の電流 i において，電極間を横切る電圧の振幅 u 及びその位相 α によって決定される．インピーダンスは $Y_w = i/u$ から計算できる．この問題は，図 4.5 にベクトル図で示している．電流 i は導線を通る実部成分 i_G とコンデンサを通る虚部成分 i_B とに分けられる．電圧 u は i_B の位相をもっている．電流 i は u よりも角 α だけ先行する．コンダクタンス G_w は i_G と同じ位相である．導線がもつ G_w は水中のイオンによるコンダクタンスを示す．コンデンサ C_w を通る電流 i_B は u に対して 90° 先行する．このコンデンサ C_w は水の分極のし易さを表す．明確にするため，i_B の位相には C_w でなくサセプタンス $B_w = \omega C_w$ が描かれている．ここで，ω は角周波数である．

　いま，電極間の水の一部が土壌によって置換された場合を考えよう．これは電極間に展

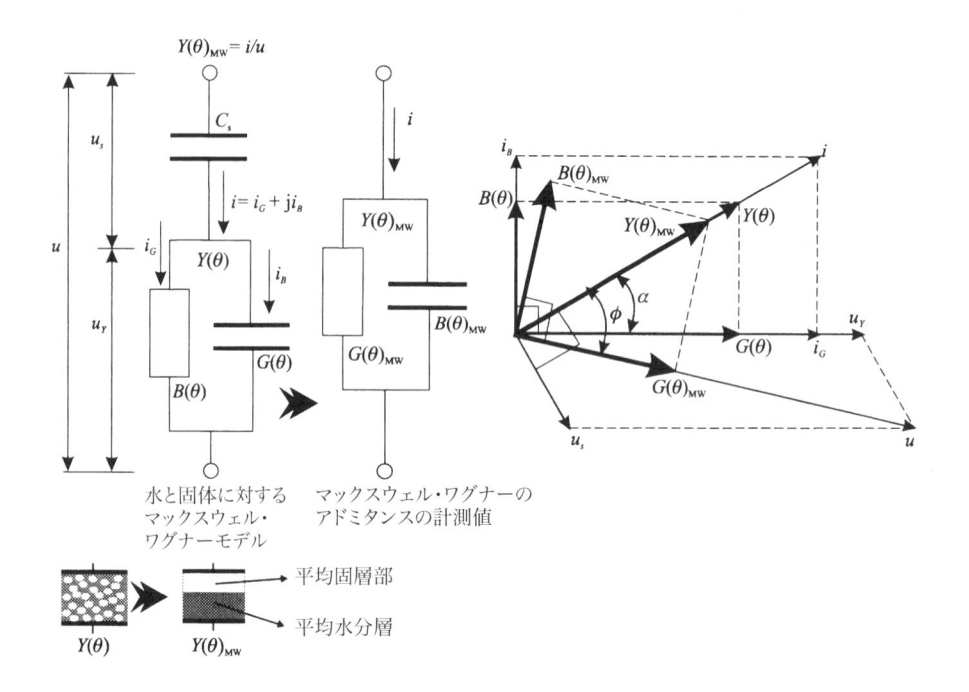

図 4.6 マックスウェル・ワグナー効果によって起こされる電極間の計測アドミタンス $Y(\theta)_{\mathrm{MW}}$ は，固相と空気によるコンダクタンス C_{s} と土中水のアドミタンス $Y(\theta)$ の直列結合によって置換される．

開している電圧に影響する．電極間に高い誘電定数をもつ少量の分極物質は，サセプタンスを小さくし，u を増大させる (2.5 節も参照)．土壌の分極は無視されることに注意しよう．これについては後で述べる．このような置換によって，電流を伝えることができる物質（水中のイオン）が少量増える．これはまた，u の増加を招く．u の増加は $Y_{\mathrm{w}} = i/u$ の減少をきたす．Y を関数 $g(\theta)$ によって Y_{w} に置き換えよう．そうすると，Y の減少は次式で表される．

$$Y(\theta) = Y_{\mathrm{w}} g(\theta) \tag{4.7}$$

$Y(\theta)$ の求積，$B(\theta)$ と $G(\theta)$ は次式で表される．

$$B(\theta) = B_{\mathrm{w}} g(\theta) \tag{4.8}$$

$$G(\theta) = G_{\mathrm{w}} g(\theta) \tag{4.9}$$

4.2 土壌溶液の電気伝導度計測

σ_b と ε' はともに $Y(\theta)$ の求積から計算できる．それらは土壌中の同じ電気的メカニズムによって同等に影響を受けるからである．

次のステップでは，(4.7)，(4.8)，(4.9) 式におけるマックスウェル・ワグナー効果の影響が関与している．これについては，図 4.6 の図を参照しよう．

2.4 節で説明したように，マックスウェル・ワグナー効果は固相のコンデンサ C_s と固相間にある水のアドミタンス $Y(\theta)$ の直列結合としてモデル化できる．図 4.6 における電極間の電圧は，水中の電圧 u_Y と固相中の電圧 u_s のベクトル和である．$Y(\theta)$ が電極間で $Y(\theta)_{MW}$ としてどのように現れるかが可視化できる．計測装置（例えば，センサーやソフトウェア）は，$Y(\theta)$ と $Y(\theta)_{MW}$ とを区別することはできない．それらの装置は，サセプタンス $B(\theta)_{MW}$ をもつコンデンサと導線 $G(\theta)_{MW}$ との並列結合として，$Y(\theta)_{MW}$ を認識する．しかし，$B(\theta)$ と $G(\theta)$ は計測できる．G を通る電流は位相 u で解釈され，B を通る電流は u に対して 90° 先行して解釈される．C_s は $Y(\theta)$ と直列であるので，$Y(\theta)_{MW} < Y(\theta)$，$B(\theta)_{MW} > B(\theta)$，$G(\theta)_{MW} < G(\theta)$ である．$Y(\theta)_{MW}$ は次式で表される．

$$Y(\theta)_{MW} = \alpha_Y Y_w g(\theta) \tag{4.10}$$

$Y(\theta)_{MW}$ の求積成分，$B(\theta)_{MW}$，$G(\theta)_{MW}$ を用いると，それらは

$$B(\theta)_{MW} = \alpha_B B_w g(\theta) \tag{4.11}$$

$$G(\theta)_{MW} = \alpha_G G_w g(\theta) \tag{4.12}$$

ここで，$\alpha_Y, \alpha_B, \alpha_G$ はそれぞれ Y_w，B_w，G_w のマックスウェル・ワグナー効果を表す．

電気伝導度 σ_b は $G(\theta)$ から，ε' は $B(\theta)$ から計算できる．σ_b と ε' は土壌の電気的メカニズムによって同等に影響される．しかし，θ と周波数が一定の場合，マックスウェル・ワグナー効果が生じ，$G(\theta)_{MW}$ とそれによる σ_b の計測値が低下し，また $B(\theta)_{MW}$ とそれによる ε' の計測値が増加する．マックスウェル・ワグナー効果は周波数の増加と共に低下する．

ここまで，θ によって影響を受ける Y の部分だけを考えてきた．乾燥土壌の場合，$\sigma_b = 0$ であるが，乾燥土壌は分極を起こす．したがって，$\varepsilon_{\sigma_b=0} \neq 0$ である．$\varepsilon_{\sigma_b=0}$ は ε'_w に対して相殺しているように思える．いま，次式を考える．

$$\sigma_b = \alpha_G \sigma g(\theta) p(\theta) \tag{4.13}$$

$$\varepsilon' = \alpha_B(\varepsilon'_w g(\theta) + \varepsilon_{s,a}) = \alpha_B \varepsilon'_w g(\theta) + \varepsilon_{\sigma_b=0} \tag{4.14}$$

ここで，$p(\theta)$ は土壌マトリックス中イオンの移動の自由度を表し，$\varepsilon_{s,a}$ は固相と空気相のみの誘電率である（(2.63) 式を参照）．(2.61) 式を (2.65) 式に代入すると，(4.14) に類似していることに注意しよう．$\varepsilon_{\sigma b} = \alpha_B \varepsilon_{s,a}$ は水分量に無関係であり，$\varepsilon_{s,a}$ が既知なら α_B を見出すのに役立つ．(4.14) 式において，α_B は (2.65) 式の ε'_p に対するマックスウェル・ワグナーの寄与分に等しい．α_B が分かると，ε' の計測データは (2.61) 式で予測される ε'_p を見出すため修正される．これは，すべての土壌に対して標準の $\varepsilon'(\theta)$ 曲線を求めることが可能であることを示す．その曲線は主に ϕ, ε_s, θ_h によって影響される．しかし，この可能性については，ここでは詳細に述べない．

乾燥土，あるいはほとんど乾燥した土壌において，イオンがイオン結晶の格子を通って移動するとき，$p(\theta)$ は主に，アレニウス (Arrhenius) 関数によって決定される [Lidiard, 1957; Roos Wollants, 1995 を参照]．

$$p(\theta) = f\left(Ae^{-\frac{\Delta H^*}{RT}}\right) \tag{4.15}$$

ここで，ΔH^* は土壌マトリックスからイオンを自由にするために必要な活性エネルギー，パラメータ A は伝導に有効なイオンの数とそれらの可動性の関数である．$p(\theta)$ は，粒子表面の伝導のような，低水分量のときの σ_b に影響する過程を表す．高水分量の場合，イオンは自由に動くことができ，$p(\theta)$ の影響は小さくなり，すなわち $p(\theta) \approx 1$ になる．したがって，$p(\theta)$ はさらに詳細には述べず，紹介するにとどめる．(4.13) と (4.14) 式から，土壌溶液のイオン伝導度は次のように書ける．

$$\sigma = \frac{\varepsilon'_w \sigma_b}{(\varepsilon' - \varepsilon_{\sigma_b=0})p(\theta)\alpha} \tag{4.16}$$

ここで，$\alpha = \alpha_B \alpha_G$ である．(4.16) 式のモデルは，土壌から抽出した水の ε'_w と σ および誘電センサーを用いてバルク土壌で計測した ε' と σ_b の関数であることを表している．2 組の ε'–σ_b の値から，切片 (offset) $\varepsilon'_{\sigma_b=0}$ が決定できる．積 $\alpha p(\theta)$ は σ が既知のときだけ決定される．さらに，σ は飽和した土壌からの抽出液によって最も容易に決定できる．モデル (4.16) 式は Malicki *et al.* [1994] の経験的な結果とは大きく異なっており，その比較は意味を成さない．

結論的に，土壌溶液のイオン伝導度は，同時に計測した誘電率の実部とバルク土壌の電気伝導度とから計算できる．

[ガラスビーズを用いた **(4.16)** 式の実験的検証]

(4.16) 式で計算した σ の値が θ に独立であるかどうかチェックするため，任意の θ において 0.2 mm の湿潤ガラスビーズのサンプルを 4 つ準備し，初期飽和のサンプルからゆっくり溶液を抽出した．σ は θ によって変化することは許されないので，蒸発による乾燥は

4.2 土壌溶液の電気伝導度計測

避けられた．$\sigma_b - \varepsilon'$ 値は 20 MHz のとき，FD センサーを用いて計測した．実験は清浄なガラスビーズから始め，σ はサンプルに溶液を与える前の状態を用いて計測した．各土壌水分に対して計測した $\sigma_b - \varepsilon'$ 値と (4.16) 式によって計算した σ 値を表 4.3 に示している．σ_b 欄と ε' 欄の間の相関は

$$\varepsilon' = 189\sigma_b + 7.72 \qquad (R^2 = 0.986) \tag{4.17}$$

この式から，$\varepsilon'_{\sigma_b=0} = 7.7$ が導かれる．

　ガラスビーズの場合，マックスウェル・ワグナー効果は無視できると思われ，高水分量では表面効果はないと考えられるので，$\alpha p(\theta) = 1$ と仮定できる．上述の値を用いて，(4.16) 式に従って計算した σ 値も表 4.3 に示している．σ の計測値と実験値が一致していることから，ガラスビーズの場合，$\alpha p(\theta) \approx 1$ の仮定が妥当であると結論できる．

　次に，一定の θ 値におけるいろいろな σ 値に対して，(4.16) 式の妥当性を検証した．種々の水-NaCl 濃度において，完全に混合した水－飽和ガラスビーズのサンプルを準備した．20 MHz において，同じ FD センサーを用い，$\sigma_b - \varepsilon'$ 値と $\sigma - \varepsilon'_w$ 値とが共に計測できるように，ガラスビーズに十分な水を残した．$\alpha p(\theta) = 1$ と $\varepsilon'_{\sigma_b=0} = 7.7$ の場合，(4.16) 式で計算した σ 値を表 4.4 に示す．

表 4.3　20 MHz において，FD センサーによって 0.2mm ガラスビーズで計測した ε', σ_b, σ 値．最後のカラムは $\alpha p(\theta) = 1$ と $\varepsilon'_{\sigma_b=0} = 7.7$ に対して (4.16) 式で計算した σ 値である．

土壌水分量	誘電率の実部	バルクの電気伝導度	溶液のイオン伝導度の計測値	(4.16)式による溶液のイオン伝導度
θ (-)	ε' (-)	σ_b (S m^{-1})	σ (S m^{-1})	σ (S m^{-1})
$\theta = \phi$	26.9	0.10	0.4	0.41
?	21.0	0.07	0.4	0.41
?	18.3	0.06	0.4	0.44
?	15.8	0.04	0.4	0.39

　ε' と σ_b は，共にあるセル定数 κ の電極を備えた FD センサーで計測した．電極が土壌との接触が悪くても，それらが完全に挿入されていなくても，あるいはもし現場の電送線がサンプルの境界によって影響を受けるようでも，σ_b と ε' も同程度に影響を受けるので，このセル定数は σ の計算に影響しない．σ の計算は材料の密度に無関係であることにも注意しよう．

表 4.4 **20 MHz** において，**FD** センサーによって，飽和した **0.2mm** ガラスビーズで計測した ε', σ_b, σ 値．最後のカラムは $\alpha p(\theta) = 1$ と $\varepsilon'_{\sigma_\mathrm{b}=0} = 7.7$ に対して **(4.16)** 式で計算した σ 値である．

誘電率の実部 ε' (-)	バルクの電気伝導度 σ_b (S m^{-1})	溶液のイオン伝導度の計測値 σ (S m^{-1})	(4.16)式による溶液のイオン伝導度 σ (S m^{-1})
27.9	0.062	0.240	0.250
27.0	0.021	0.083	0.085
26.9	0.010	0.040	0.041

$\alpha p(\theta) = 1$ と $\varepsilon'_{\sigma_\mathrm{b}=0} = 7.7$ を用いると，校正の必要がなく，ガラスビーズ中の水のイオン伝導度を計算するため，(4.16) 式のモデルが使用できると結論できる．

[土壌における **(4.16)** 式の実験的検証]

本節では，Dirksen and Hilhorst [1994] から得た σ_b と ε' の実験値に，モデル (4.16) を適用する．

(4.16) 式の誘導においては，σ_b と θ との関係，ε' と θ との関係が類似していると仮定した．このことは，ε' と θ のプロットが全く異なる形状を示す 3 つの土壌，Groesbeek, Ferralsol-A, Munnikenland を用いて示した．それらの比較は表 4.1 に与えている．図 4.7 において，σ_b と ε' を θ の関数としてプロットしている．各土壌のスケールは，できるだけ曲線の形状が同じに見えるように選んだ．図 4.8 に示すように σ_b を ε' に対してプロットすると，図 4.7 は興味ある結果になる．この結果は，TDR の場合の Malicki *et al.*[1994] の結果と類似している．これらの実験データは，ε' 軸との交点 $\varepsilon'_{\sigma_\mathrm{b}=0}$ が土壌に依存することを示している．対照的に，Malicki *et al.* [1994] は土壌の種類に関係のない一般的な形として，$\varepsilon'_{\sigma_\mathrm{b}=0} = 6$ を得ている．乾燥土壌の平均誘電率は $\varepsilon' \approx 3.5$ で $\varepsilon' > 5$ になることはめったにないが，図 4.8 におけるほとんどの回帰直線は $\varepsilon'_{\sigma_\mathrm{b}} > 5$ であることを示している．グラフ上では見えないが，回帰線は，非常に低い θ のとき図 4.7 で $\varepsilon' < 5$ まで曲がっていなければならない．したがって，$\varepsilon'_{\sigma_\mathrm{b}=0}$ に対して得られる値は，線形モデルとして用いられるときだけ妥当である．(4.14) と (4.15) 式で与えられる関数 $\varepsilon'_{\sigma_\mathrm{b}=0} = \alpha_\mathrm{B} \varepsilon'_{\mathrm{s,a}}$ と $p(\theta)$ はこの効果を表している．σ_b と ε' の関係線の線形部分においては $\varepsilon' \approx 3.5$ へ向かい，どのグラフ上でも曲がりが見られないため，$p(\theta)$ は非常に水分量が低い部分の場合のみ活性であると考えられ，$p(\theta) = 1$ と仮定できる．

同時に計測された σ_b と ε' から σ を計算する新しい計算法を検証するためには，Dirksen

4.2 土壌溶液の電気伝導度計測

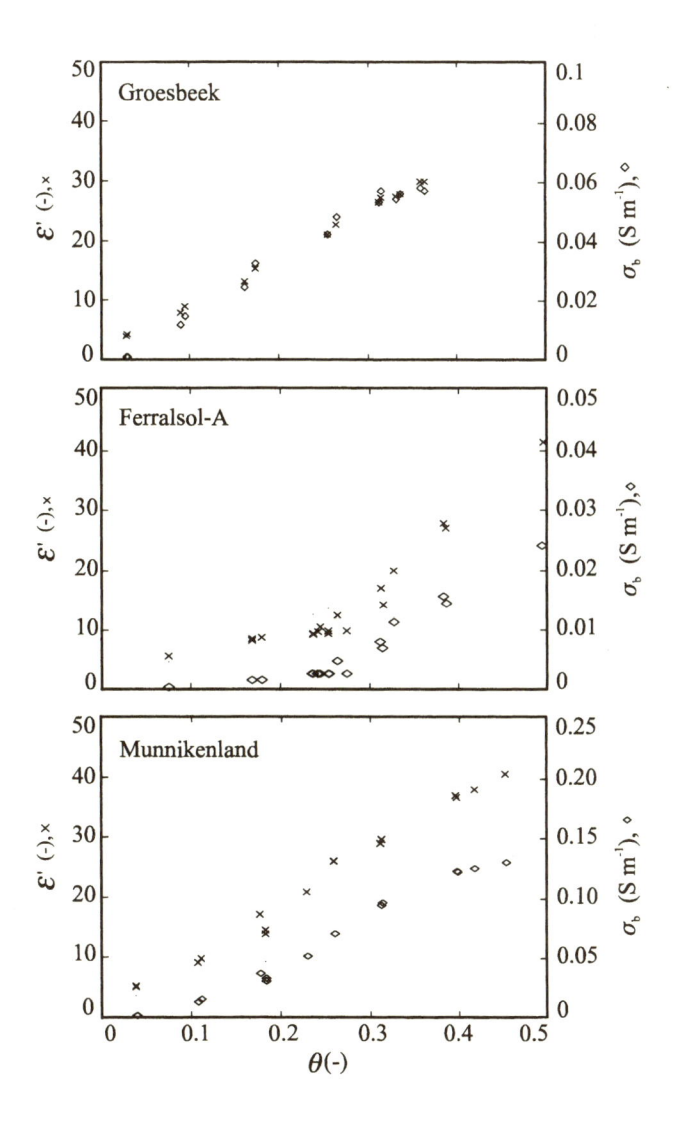

図 4.7 表 **4.1** の **3** 種類の土壌に対する，土壌水分量 θ の関数として誘電率の実部 ε' と
バルク土壌の電気伝導度 σ_b との関係．

and Hilhorst [1994] のデータだけが有効である．この 1994 年のデータから得られた土壌材料は完全に混合した脱塩水 (demineralized water) の 3 つの間隙体積 (pore volume) に分けた．1 kHz の 4 極電導度計を用いて土壌の水の σ を計測した．イライト，Vertisol，ベントナイトでは十分混合できなかったので，この方法は使用しなかった．希釈を修正するため，計測した σ 値を 3 倍して，飽和した間隙水の伝導度を推定した．これらの修正した σ の計測値は図 4.9 に基準としてプロットしている．土壌マトリックスに結合している水

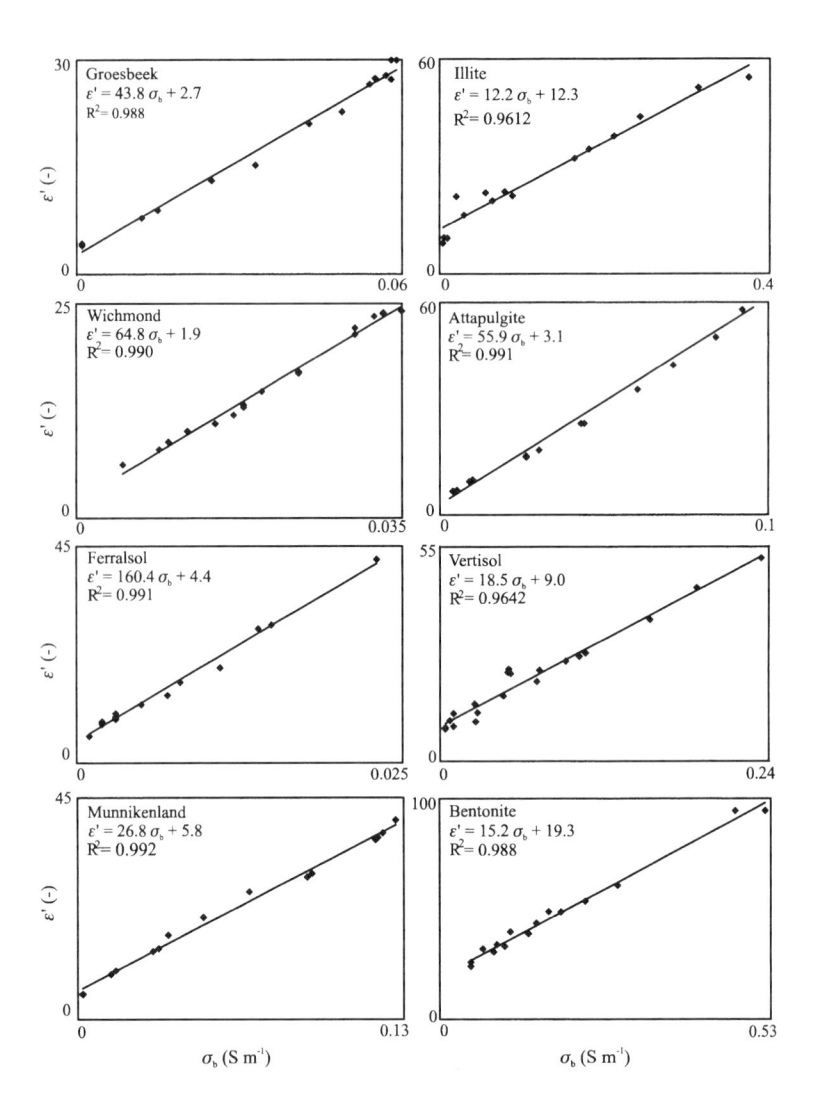

図 4.8　**20 MHz** のとき **FD** センサーを用いて計測された **8** つの異なる土壌の種類に対する，誘電率の実部 ε' とバルク土壌の電気伝導度 σ_b との関係．実線は，計測データを通る線形回帰線である．

は，自由水より低い ε'_w 値をもつが，室温では $\varepsilon'_\mathrm{w}=80$ と仮定する．粘土含量が高いと計測にずれが生じるが，マックスウェル・ワグナー効果は無視する．高水分量のとき $p(\theta)$ の影響は小さいので，すべての土壌に対して，$p(\theta)=1$ を仮定する．α, $p(\theta)$, ε'_w に対するこれらすべての仮定は θ に無関係になり，次式を得る．

$$\sigma = \frac{80\,\sigma_\mathrm{b}}{\varepsilon' - \varepsilon_{\sigma_\mathrm{b}=0}} \tag{4.18}$$

4.2 土壌溶液の電気伝導度計測

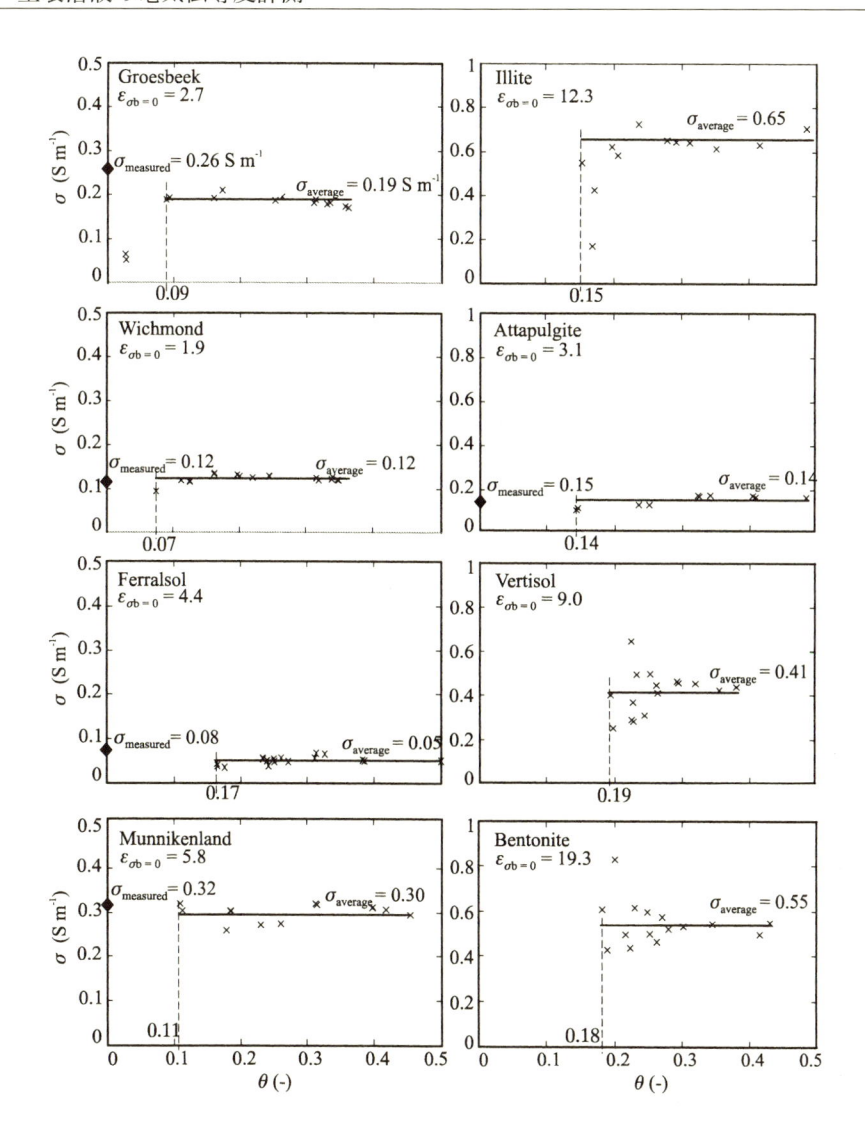

図 4.9 8つの種類の土壌に対する，土壌溶液のイオン電導度 σ と，土壌水分量 θ との関係．実線は，高水分域から，破線で示される水分まですべての値の平均値を示している．σ の基準値は ◆ で示す．

(4.18) 式と，σ_b と ε' の同時の計測値を用いて，σ が計算できる．図 4.9 は Dirksen and Hilhorst [1994] のデータを用いて計算した σ 値を θ の関数として示している．希釈で修正した後得られた計測基準値は ◆ マークで示し，実線は高水分域から破線で示す水分までプロットした値の平均値を示している．基準値と平均値との差は $\alpha p(\theta)$ の未知の値に依存する．σ の θ に対する関係は，図 4.9 に明確に示している．低水分域で σ_b の減少を示す十分なデータは得られないが，σ がゼロに向かう傾向をうかがい知ることができる．

これらのデータは，一般に簡略式 (4.18) を用いた σ の決定が $\theta > 0.2$ の場合妥当であり，また $S_A < 80$ の土壌では $\theta > 0.1$ で妥当であることを示している．低水分域 ($\theta < 0.1$) における精度を改善するためには，まず関数 $p(\theta)$ を解析しなければならない．

結論

誘電率の実部 ε' とバルク土壌の電気伝導度 σ_b の同時計測値の関係は，線形で高い相関係数を伴っている．その線形関係は，計測していないが，低水分域では非線形になる．平均的な土壌では，直線は $\varepsilon' \approx 3.5$ で切片となる．この現象はイオンの種類，粒子表面での可動性，活性エネルギーに依存する．ε' と σ_b とが線形関係にあるため，土壌溶液のイオン電導度は θ に関係なく ε' と σ_b の同時計測から得られる．ε' と σ_b と，σ との関係は基本的には土壌の構造 (texture) に依存する．この関係を無視すると，納得の行く精度が得られた．

4.3 バルク土壌の電気伝導度の周波数依存

TDR 伝導度計測:低周波数計測

Topp et al. [1988] と Heimovaara et al. [1995] は，バルク土壌の電気伝導度はステップパルスの反射のすべてが終息した後，電送線の最終電圧振幅から導かれると結論づけた．これは，ステップパルスが発生した後，50 ns から数 100 ns 間で起こる．50 ns 後にすべての反射が集積したとしよう．この集積時間は $1/(2\pi \times 50 \times 10^{-9}) = 3$ MHz 以下の周波数に相当する．TDR によって得られた σ_b 値は "低" 周波数値であることになる．

以下に述べる推論は，TDR を用いて伝導度計測がいかに行われるかを説明している．数 100 ns の後，電線の長さ (=10 cm) は波長に比べると無限に小さい．これは，直列インダクタンス上の電圧降下とコンデンサを通る電流（第 3 章の伝播線の電気モデルを参照）が無視できることを示している．このことは，2 つの抵抗体の直列結合，つまり単純な電池のスイッチを切りかえる問題になる．抵抗体の一つは，ステップ関数発生器の低周波数出力抵抗 (50 Ω) であり，他の一つの抵抗は電極間の土壌のコンダクタンスである．もし発生器の開放回路出力電圧が既知であれば，電極間のコンダクタンスは接続された電極で計測される出力電圧から決定できる．TDR 伝導度計測は単なる低周波伝導度計測と等価であることが分かる．

材料と方法

マックスウェル・ワグナー効果はバルク土壌の電気伝導度に対しても適用できると思われる (4.2 節)．これを確かめるため，Dirksen and Hilhorst [1994] の実験から得られた Groesbeek, Wichmond, アタパルジャイト土壌（表 4.1 を見よ）において，種々の水分量，周波数に対して FD センサーと TDR を用い σ_b を計測した．TDR 計測は，Heimovaara

4.3 バルク土壌の電気伝導度の周波数依存

et al. [1995] の方法と装置に従って 1997 年に Dirksen によって行われた．FD 計測は 10 MHz, 20 MHz, 30 MHz で行った．バルク土壌の無限に高い周波数における電気伝導度 $\sigma_{\mathrm{MW}f\to\infty}$ と無限に低い周波数における電気伝導度 $\sigma_{\mathrm{MW}f\to 0}$ は (2.32), (2.33), (2.34) 式に従って計算した．このような目的には，$\Delta\varepsilon_{\mathrm{MW}}$, $\varepsilon_{\mathrm{MW}f\to\infty}$, ε'_1 (10 MHz のときの ε'), ε'_2 (20 MHz のときの ε'), ε'_3 (30 MHz のときの ε') はそれぞれ $\Delta\sigma_{\mathrm{MW}}$, $\sigma_{\mathrm{MW}f\to\infty}$, $\sigma_1, \sigma_2, \sigma_3$ で置き換えられ，次式が得られる．

$$\sigma_{\mathrm{MW}\,f\to\infty} = \frac{8\sigma_1\sigma_3 - 3\sigma_1\sigma_2 - 5\sigma_2\sigma_3}{5\sigma_1 - 8\sigma_2 + 3\sigma_3} \tag{4.19}$$

$$\Delta\sigma_{\mathrm{MW}} = (\sigma_1 - \sigma_{\mathrm{MW}\,f\to\infty})\left(1 + \frac{f_1^2}{f_{\mathrm{MW\,r}}^2}\right) \tag{4.20}$$

低周波数に対する値は次式から計算できる．

$$\sigma_{\mathrm{MW}\,f\to 0} = \sigma_{\mathrm{MW}\,f\to\infty} + \Delta\sigma_{\mathrm{MW}} \tag{4.21}$$

ここで，低周波数の増加とともに σ_{b} が減少するため，$\Delta\sigma_{\mathrm{MW}}$ は負の記号をもつ．

電気伝導度に対するマックスウェル・ワグナー効果の実験的特徴

表 4.5 に示した実験結果では，TDR 計測の低周波数の値と $\sigma_{\mathrm{MW}f\to 0}$ に対して計算した値とは高い相関を示した．この表は，$\varepsilon'_{\mathrm{w}}$ がマックスウェル・ワグナー効果を含む ε' と関係づけられるので，σ は σ_{b} に関係づけられるという仮説を強く支持している．それはまた，TDR で計測した σ_{b} がマックスウェル・ワグナー効果から計算した低周波時の値 $\sigma_{\mathrm{MW}f\to 0}$ であることを示している．$\Delta\sigma_{\mathrm{MW}}$ を決定する構造（texture）パラメータは比表面積 S_{A} に関係している．表 4.5 のデータは S_{A} が増加する順序に並べている．この表はまた $\Delta\sigma_{\mathrm{MW}}$ と K の増加の順序になっている．θ =0.52 のときのアタパルジャイト粘土に対して計算したバルク電気伝導度の周波数依存関係は，図 4.10 にプロットしている．

結論

σ_{b} と ε' の線形関係から，ε' と θ との間で導いた関係と同様に，第 2 章で ε' に対して述べた方法と同じ手法で，σ_{b} と θ との間の関係を導くことができると結論する．したがって，σ_{b} に対してもマックスウェル・ワグナー効果が適用でき，周波数が減少するにつれて ε' は増加する．マックスウェル・ワグナー効果はデバイ関数によって表され，したがって，ε' と ε'' は逆数の関係にある．マックスウェル・ワグナー効果によって，マックスウェル・ワグナー緩和周波数よりも低い周波数域で σ_{b} は減少する．2.4 節によると，これらの周波数は 150 MHz 以下である．ほとんどの伝導度計の計測周波数は 10 kHz 以下である．したがって，低い周波数の伝導度計を用いた場合，σ_{b} 計測においてマックスウェル・ワ

表 4.5 **(4.19)**, **(4.20)**, **(4.21)** 式によって，マックスウェル・ワグナー効果から計算した変数値 σ_b, $\sigma_{MW f\to 0}$, $\sigma_{MW f\to \infty}$, $\Delta\sigma_{MW}$. **FD** センサーと **TDR** で計測した σ_b の値を比較のために示している．土壌は，比表面積の増加の順にリストしている．

			バルク土壌の電気伝導度 (mS m^{-1})						
			計測値				計算値		
	水分量 θ	比表面積 S_A	TDR	FDセンサー					
土壌の種類	(-)	(m^2 g^{-1})	< 3 MHz	10 MHz	20 MHz	30 MHz	$\sigma_{MW f\to\infty}$	$\Delta\sigma_{MW}$	$\sigma_{MW f\to 0}$
Groesbeek	0.15		10	12	14	15	16		10
	0.29	25	23	25	27	28	29	-6	23
	0.36		28	29	31	32	33		27
Wichmond	0.23		26	24	26	28	34		23
	0.34	41	29	31	34	36	39	-11	29
	0.37		35	35	37	39	45		34
Attapulgite	0.52	270	39	48	54	56	58	-20	38
	0.71		69	74	81	84	87		66

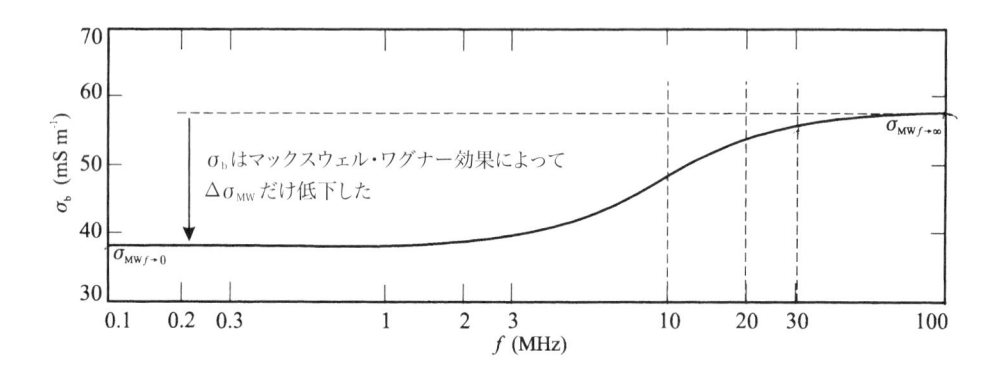

図 4.10 $\theta = 0.52$ のときのアタパルジャイト粘土における，マックスウェル・ワグナー効果によるバルク電気伝導度の周波数依存関係．σ_b の低周波値と高周波値は $\sigma_{MW f\to 0}$, $\sigma_{MW f\to\infty}$ で示される．伝導度低下分 $\Delta\sigma_{MW}$ は誘電増分 $\Delta\varepsilon$ と等価である．

グナー効果を受ける．マックスウェル・ワグナー効果は伝導度計測によって特徴づけられる．これによる利点は，σ_b が ε よりも正確に計測できることである．

最後に，TDR を用いた σ_b の計測によって 3 MHz 以下の周波数に対する σ_b 値が得られることが分かった．

4.4 誘電法による汚染地点の調査

本章の前節では，間隙水の電気伝導度 σ は 3.4 節で述べた FD センサーを用いて σ_b と ε' の同時計測から得られた．自由イオン濃度の測度として，精度はよくないが，σ_b/ε' 比がよく用いられる．この比の異常値（anomalous）は汚染物質の存在を示すことがよく知られている．汚染物質検出のためには，σ_b/ε' 比をモニターすれば十分である．この比が飽和土壌を構成する自然成分によって支配され，かつこの成分が未撹乱土においては小さな鉛直距離を移動してもそれほど変化しないものと仮定すると，さらに興味ある結果が得られる．水より高密度の汚染物質は不透水性土壌の上に水滴や水膜を形成する．これは誘電率特性に影響し [Redman and Annan,1992]，土壌深さ z の関数である σ_b/ε' 比に小さな変化を与える．したがって，$d\sigma_b/dz$ と $d\varepsilon'/dz$ との比はある汚染物質の存在を指示すると思われる．汚染した土層の可能性を示すだけで，定量化するつもりはないので，それらの絶対値を用い，以下のような汚染指数 p を定義する．

$$p = \frac{|d\sigma_b/dz| + a}{|d\varepsilon'/dz| + b} \qquad (4.22)$$

p (S F^{-1}) の感度は定数 a (S m^{-2}) と b (F m^{-2}) で調整できる．経験的に，最適結果 $a = 0.01$ S m^{-2}，$b = 0.01$ F m^{-2} を得ている．

化学的に汚染された地点を調査するため，新しい誘電プローブを用いて汚染指数を調べてみた．プローブはオランダの GeoMil Equipment B.V. との緊密な協力の下で開発された．プローブは第 3 章で述べた ASIC が使用され，その ASIC は円筒形のコーンの中に置かれ，2 つの 5 cm 隔たったリング形の電極 (径 3.5 cm，幅 0.5 cm) に接続されている．プローブを 0.5 cm s^{-1} の速度で土壌に力学的に押し込む間，ε' と σ_b を 1 cm 間隔で z の関数として同時に計測した．図 4.11a には非汚染地点の結果を，図 4.11b には塩化物溶剤と油を含む汚染地点の結果を示している．

この方法は汚染地に対して 3 回，非汚染地に対して 3 回試験したが，図 4.11 の結果と同様な結果が得られた．これらは信頼おける結果なので，他の地点のデータは示さないが，図 4.11 は一般的な結果を適切に示している．

油のような汚染物質は水より密度が小さく，地下水面の上に集まる．汚染指数はこれらの油層を位置づけることはできないが，油層の典型的な誘電挙動から油層を認識することは可能である．地下水面上の油層では，ほとんど 0 に近い σ_b の低下と共に 5 以下の ε' の減少を示し，その下にある水分飽和土壌の層では"自然"値に急激に増加している．図 4.11b に示すように，廃油層が約 0.5 m の深さで検出され，約 0.75 m の深さまで溶剤汚染が進んでいる．

a) 非汚染地点

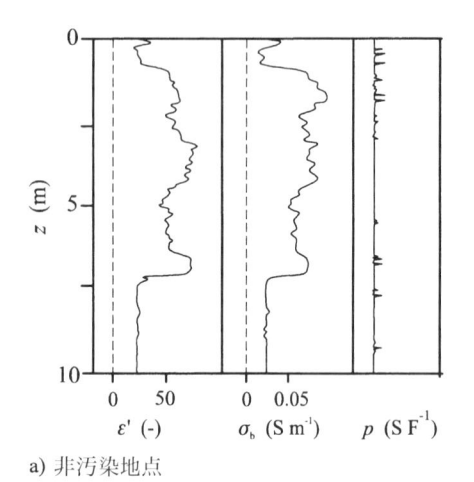

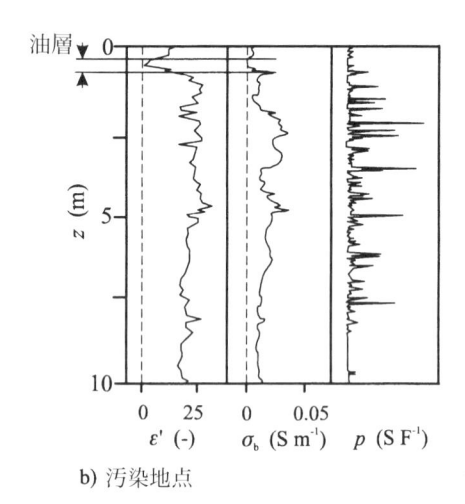

b) 汚染地点

図 4.11　**a)** 非汚染地点と **b)** 塩化物溶剤と油を含む汚染地点における，ε'，σ_b，及び汚染指数 p の分布．p の針状の線は土層が塩化物溶剤によって汚染されたことを示している．誘電率と電導度の特徴的な変化から油の層が分かる．

結論

ε' と σ_b の同時計測の可能性は汚染地域の調査には魅力的なものである．ε' と σ_b を深さに関して微分したものとの比を取ることによって，汚染指数が得られる．それら微分の基準値からのずれが大きいと，その感度が増すことになる．

4.5 コンクリート硬化による土壌の誘電特性の変化

第 2 章では土壌の誘電挙動を表すモデルの展開を扱った．100 MHz 以上の周波数の場合，分極現象による誘電率は，(2.52) 式あるいはさらに実用的な近似式 (2.61) によって表すことができる．低周波の場合，モデルはマックスウェル・ワグナー効果に拡張され，(2.65) 式になる．その基礎となる理論はコンクリートのような他の多孔体にも適用できる．コンクリートの誘電挙動は，例えば Tabio [1957]，DeLoor [1961,1996]，Al-Qadi *et al.* [1995] によって述べられている．コンクリートは，セメント，水，砂や砂利のような添加物の混合物である．誘電体の観点からは，硬化の進んでいないコンクリートは土壌と同じような挙動を示すが，これは極端な場合である．セメントー水混合物すなわちセメントペーストは水和過程を受ける．水和の間，水分子はコンクリート中の鉱物と結合し，錯体分子になる．砂と砂利は水和過程の取り扱いを考える必要がない充填物質である．

混合後，セメントペーストは，高イオン濃度の水を含む飽和した砂質土壌やローム質土

4.5 コンクリート硬化による土壌の誘電特性の変化

壌と比較する．水和過程の間，セメントペーストの構造と，その誘電特性は連続的に変化している．ある時間経過後，それは粘土のような構造になり，最後には多孔岩石に相当する骨格構造を展開する．水に分散した粒子の状態は，間隙中に分散した水を含む多孔構造に変形する．間隙内では，水和過程が継続する．水和過程の全期間中，混合物は水で飽和されている．したがって，硬化においては，不飽和土壌に関連する影響はそれほど生じない．

最初に，セメントの水和過程を簡単に表す．次に，水和度の変化，つまりその結果としての圧縮強度の変化は，誘電特性の変化に反映していることを示す．材料，使用した装置を短く述べた後，周波数，時間の関数としてコンクリートの全体的誘電挙動と，種々の構造の土壌における誘電挙動との比較を述べる．最後に，コンクリートの微小構造特性の変化における，多くの現象特性について全般的意見を述べる．

コンクリートの初期硬化過程

セメントペーストの硬化過程は，初期，中期，後期に分けられる．初期コンクリートの科学的及び構造的展開に関する以下の記述は Bruegel [1991] からの引用である．

[初期] (0 から 3-6 時間)：水を与えると，セメントの一部は数分以内に溶解する．混合後，Ca^{2+} イオンは間隙水中で飽和する．一方，例えば OH^-，SO_4^{2-}，K^+，Na^+ のような他のイオンも同様に飽和する．セメントの水溶性部分の溶解は発熱過程である．結局，著しく温度が上昇する．その後，セメントは 3 時間以上にわたって多少不活性になる．

セメントは，どれでも直接溶解するとは限らない．粒子の一部が溶解すると，セメント粒子の残りの部分に殻が形成される．この殻は初期の終わりか，中期の初めに壊れて開放され，さらに多くのセメント部分が水和過程に加わる．初期の間，セメントペーストは，イオンで飽和した水と粗砂と部分的に溶解したセメント粒子のコロイド懸濁に変化する．

[中期] (3-6 から 30 時間)：およそ 6 時間後，中期が始まり，そこではセメントペーストが水和し始める．この過程の主要な部分は，約 30 時間続く．水和過程の間，小さな針，針の固まり，それに薄い板状の結晶が形成される．これらの板の表面上に微小繊維が生長し，それらの間で橋を架け始める．水和の間，エネルギーが放出され，およそ 12 から 24 時間後に温度が最大値に上昇する．

中期の終わりに展開し始めるもっとも重要な生成物は，エトリング石 (ettringite) の針，つまり水和珪酸カルシウム（CSH），と水酸化カルシウム（CH）である．時間が経過するにつれて，およそ 200 から 1000 $m^2 g^{-1}$ の高い比表面積をもつ密度の高い構造が形成される．

およそ 1 時間の水和の後，初期では平均長が 0.25 μm，径が 0.05 μm ほどのエトリング石の針が平均長 1 μm，径 0.1 μm まで発達し，最後には平均長が 10 μm，径が 0.25 μm ま

で生長する．

CSH 粒子は，活性中心から，水で満たされた間隙に向かって放射状に形成され，ネットワークの密度を増していく．それらは微小繊維か板状で現われ，この段階で長さ 1 μm, 厚さ 0.01 μm の特徴的な大きさになる．

CH 結晶は，100 μm ほどの長さの粒子になり，ときには 1000 μm になるものもある．それらは一般に CSH やエトリング石よりもはるかに大きい．水和生成物の約 10 から 20 %は CH 結晶である．

[後期]（30 時間以降）：後期の間は，セメントペーストの連続相が液状から間隙固相構造に変化する．一方，CSH と CH 生成物はこの間に形成される．27 日後にはセメントのほとんどは水和されてしまうが，セメントは何年も水和を続け，強度を増しつづける．

コンクリートの誘電スペクトル計測

以下では，初期コンクリートの化学的，構造的展開を誘電特性の変化から比較する．コンクリートの誘電特性は，S-パラメータ試験セット HP85047A と連結して，Hewlett Packerd HP 8753C ネットワーク・アナライザーを用いて計測した．周波数域は 10 MHz から 6 GHz である．計測セルはコンクリートの中に埋め込んだ開放端同軸線である．それは HP 85071 に似た手作りのものである．装置は校正され，誘電率は添付の HP ソフトウェアを用いて計算した（装置についての詳細はメーカーのマニュアルを参照）．この実験で用いたセメントは，重量水分量 $\omega_{\mathrm{wce}} = 0.53$ を含むポルトランド-A である．成分は表 4.6 に与えている．

表 4.6 図 **4.12** で使用したコンクリートの成分．

成分	単位体積の コンクリート 当たりの質量 (kg m^{-3})	密度 ρ (kg m^{-3})	体積割合 v (m^3 m^{-3})
Water	160	1000	0.16
Cement, Portland-A	320	3150	0.10
Sand	750	2650	0.28
Gravel	1130	2650	0.43
Air	-	-	0.02

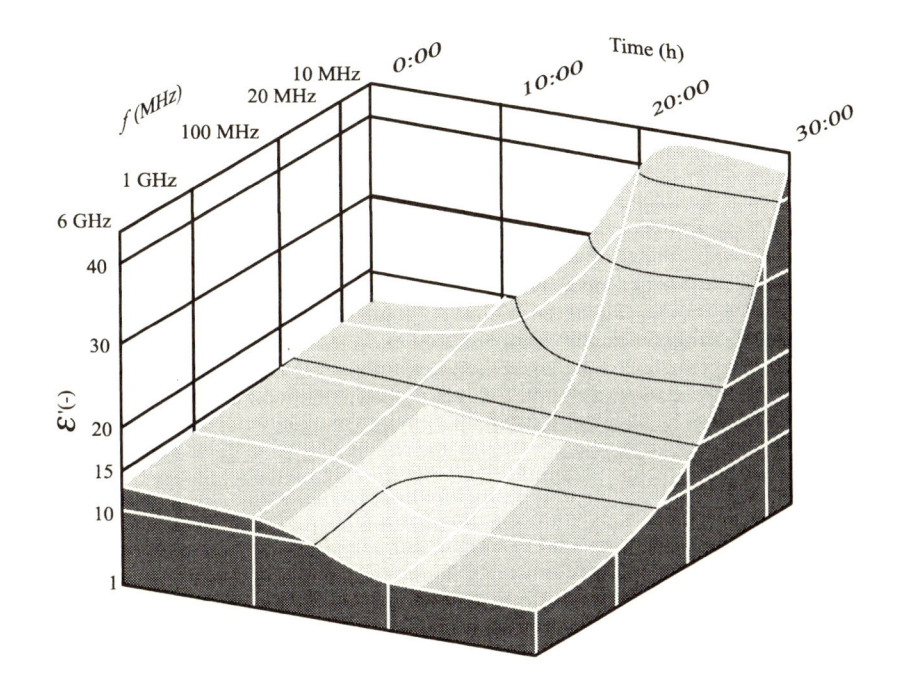

4.5 コンクリート硬化による土壌の誘電特性の変化

図 4.12　重量水分量 $\omega_{\text{wce}} = 0.53$ を含むポルトランド-A において，ネットワーク・アナライザーを用いて計測した誘電率の実部 ε'，時間 t，周波数 f の関係．図は **HP 8753C** ネットワーク・アナライザーで計測したデータを平滑化したものである．開放端同軸線 (**HP85071** に似ている) をセンサーとしてコンクリートの中に埋め込んだ．**12** 時間から **22** 時間の間で **100 MHz** から **6 GHz** の間のデータ（薄い灰色）は得られなかった．このデータは **Bruegel et al., [1996]** によって与えられた．

周波数の関数としてのコンクリートの誘電率

市販の混合プラントでコンクリートを混合した後，実験室にそれを運んだ．混合 2 時間後に実験を開始した：$t = 0$．最初の 2 日間は，30 分ごとに計測し，その後の 5 日間は 1 日に 2 回計測した．残念ながら，t=12 時間から 22 時間，かつ 100 MHz から 6 GHz までの間でいくらかのデータが失われた．図 4.12 には，$t = 0$ から始まる誘電データをプロットしている．x 軸上に経過時間 t をプロットし，y 軸上に計測した誘電率の実部 ε' を，z 軸には周波数 f をプロットしている．

[初期]：誘電理論から判断すると，砂や砂利は誘電スペクトルにほとんど影響を与えない．周波数の関数としてのコンクリートの誘電挙動はセメントペーストによって支配され，砂にいくらかのシルトや粘土分，それに高濃度のイオンを含む土壌の誘電挙動に匹敵する．

初期の間は，セメントペーストの誘電スペクトルの低周波の端の部分は対イオンの分極によって影響を受ける．その分極は，反応しないセメント粒子から形成されたコロイド粒子によって起こされたものである．図 4.12 から分かるように，マックスウェル・ワグナー効果は起こっていそうにない．高周波端では，誘電スペクトルは浸透圧による水の結合によって影響を受けている．$t=0$ では，周波数の増加に伴って，曲線が僅かに低下することが観察された．

セメントの場合の脱分極係数 S_i は土壌の場合と近似的に同じと仮定するのは合理的である．E-場の回折がないため，イオンが巨視的な集合（塊または結晶）を作らない限り，液体中のイオンでは $S=1$ になる．(2.42) 式によると，間隙流体の誘電率 ε' は種々のイオンの ε' と純水の ε' との重みつき和として得られる．したがって，間隙水の溶液の ε' は純水の ε' より低くなければならない．反応が起きていないセメント粒子はその表面に水を吸着する．この水の成分は 2.6 節で論じた吸湿の結合水に相当する．2.6 節では，緩和周波数は低いとした．図 4.12 で示した周波数域では $\varepsilon'<5$ であった．本実験のコンクリートの ε' は 10 MHz で 17 であったが，後の実験（例えば図 4.15 を参照）では，$\overline{\varepsilon'}=23$ が得られた．粗砂と純水の混合では $\varepsilon' \approx 27$ であった．コンクリートの ε' が低くなるのは結合水による．

[中期]：結合水の過程は中期で最も顕著である．そこでは，水和生成物は大きくなり，粘土のような形を呈する．

中期の最初の時期では，二重層システムを持った粒子の数が急激に増加する．荷電した粒子は対イオンの分極を示す．結局，誘電率の実部は誘電スペクトルの低い方の端で増加する．粒径分布が広いため，緩和周波数が大きく広がることが推測される．緩和周波数は，粒径の平方に反比例する．水和過程の間，粒径は増加する．さらに，粒子間にブリッジが発達し，対イオンの分極の影響が減少するので，イオン拡散は制限される．水和過程の初期に，対イオンの分極が現れ，いくつかの構造が出来上がるにつれて消滅するものと推察される．

対イオンの分極と同様に，マックスウェル・ワグナー効果が誘電スペクトルの低い方の端で寄与する．以前に示したように，それは水和の度合いの関数である．ある時間後，コロイドの分極が消滅するので，マックスウェル・ワグナー効果が対イオンの分極以上に支配的になると思われる．ε' の実部は温度のピーク後すぐに最大値に達する．この点は，ある連続体で生じる液相から固相への遷移点と考えられる．この相の遷移後，固相の厚さが増加するので，マックスウェル・ワグナー効果は低下する．

2.2 節で述べたように，結合水の緩和周波数は自由水のそれより低く，結合力に依存する．ε' は，誘電スペクトルの高周波数の端で減少する．図 4.12 で示すように，$f>100$ MHz，$t>12$ h の場合，ε' の急激な減少が起こる．結合水の緩和周波数は 100 MHz より大きく下がるので，それらは低周波の効果によって完全に除外（overrule）される．水和

された水の量と，水和で得られる結合の弱い水の量との区別はされない．$f > 100$ MHz における ε' の減少は，結合水の全量の測度であり，水和の程度を表す測度でない．

[後期]：後期では，バルクコンクリートの電気伝導度とともにマックスウェル・ワグナー効果による誘電率はゆっくりと低下する．この過程は恐らくコンクリートが水で飽和されている限り，何年も続くだろう．しかし，型枠を取り除くと，コンクリートは乾燥し，水不足になり，水和過程は停止し，ε' は固相-水混合物の誘電率になる．

マックスウェル・ワグナー効果とコンクリートの圧縮強度

[理論]

水和の間，コンクリートは圧縮強度 f_{cs} (MPa) を増す．水和の程度 α_h は，水和を開始したセメント量と最初溶解していたセメントの全量の比として定義される．α_h は時間 t の関数であり，水分量，つまり水とセメントの質量比 ω_{wce} に依存する．コンクリートの成分が与えられると，α_h と f_{cs} との間には一意的関係が存在する．2.4 節では，構造 (texture) パラメータ K を導入した．それは，土壌構造特性に対してマックスウェル・ワグナー効果を関係づけるものである．マックスウェル・ワグナー効果は，水と固相の直列インピーダンスが見られる領域で起こる．これらの領域は，一方の電極（プレート）からもう一方の電極へ通過する領域である．それは，誘電スペクトルの低周波端に影響する．

図 2.7 に類似した 2 つのプレート間にあるセメントの平均セルを考えよう．それは，プレート間にある水の層と，すべての固相の平均厚さに等しい固相からなる．その水の層は，水の全層の平均厚さに等しい．最初，2 つのプレート間にある水の層の平均厚 $\bar{d}_w$ は大きく，固相の平均厚 $\bar{d}_s$ は小さい．$\bar{d}_s$ は，水和が進むにつれて増加する．水和過程の終わりには，$\bar{d}_w \ll \bar{d}_s$ になる．マックスウェル・ワグナー効果が起きている平均断面積は $\bar{A}$ である．これは，平均セルのコンデンサのプレートの面積である．最初に，マックスウェル・ワグナー効果を考えるべき領域は僅かしかない．平均セルの $\bar{A}$ は小さい値から始まり，生長して電極の面積に等しくなる．セルの厚さは $d = \bar{d}_w + \bar{d}_s$ となり，平均体積 $\bar{V} = d\bar{A}$ になる．時間が進むにつれ，水和で得られる水の体積分率 $\bar{v}_w$ は減少するが，固相の体積分率（水和生成物）

$$\bar{v}_s = \frac{\bar{d}_s}{d} = 1 - \bar{v}_w \tag{4.23}$$

は増加する．$\bar{v}_s$ には，非水和セメントと，水和セメントの両者が含まれると仮定しよう．水和セメントには，水和過程で関与する水が含まれている．セル内の水の平均体積分率 $\bar{v}_w$ には，上述の領域において水和により得られるすべての水が含まれる．ほとんどの水は最初の 30 時間の間に，ある程度の範囲まで結合されている．セルの平均体積と固相平均体積との比は 2.4 節で述べた構造 (texture) パラメータ K と次式で関係づけられる．

$$K = \frac{d}{d_\mathrm{s}} = \frac{1}{1-\bar{\nu}_\mathrm{w}} \tag{4.24}$$

Reinhaldt[1985] によると，水和によって得られる水の体積分率は

$$\nu_\mathrm{w} = \frac{\omega_\mathrm{wce} - 0.4\alpha_\mathrm{h}}{\rho_\mathrm{w}/\rho_\mathrm{ce} + \omega_\mathrm{wce}} \tag{4.25}$$

ここで，α_h は水和の程度である．$v_\mathrm{w} = \bar{v}_\mathrm{w}$ とし，化学的収縮は無視し，水和しているセメント・水混合物の全体積が一定としよう．その場合，構造パラメータ K は (4.24) と (4.25) 式から得られる．

$$K = \frac{\rho_\mathrm{w} + \omega_\mathrm{wce}\rho_\mathrm{ce}}{\rho_\mathrm{w} + 0.4\alpha_\mathrm{h}\rho_\mathrm{ce}} \tag{4.26}$$

K は α_h と圧縮係数 f_cs の関数である．$\alpha_\mathrm{h} < 1$ であるから，$K > 1$ であることに注意しよう．2.4 節で説明したように，マックスウェル・ワグナー効果はパラメータとして K をもつ単一のデバイ緩和関数によって表される．

これまでの議論は (4.25) の簡略式に基づいていた．もう一つの複雑な要素は，誘電挙動に対する結合水の影響である．さらに，2.4 節で論じたように，マックスウェル・ワグナー効果のモデルにはいくつかの不確定要素がある．また，計測された ε' を f_cs に対して関係づける理論的な表現を導き出すことは難しい．(4.26) 式は，コンクリートの水和の程度 α_h と圧縮係数 f_cs がマックスウェル・ワグナー効果や計測した誘電率 ε' に反映することを示している．

[実験]

ε' と f_cs との直接的な関係は，Hilhorst et al.[1996] と Bruegel et al. [1996] の実験によって導かれた．本研究においては，市販しているコンクリート混合プラントから，9 つのコンクリートサンプルを得た．これらのサンプルは水分割合（ω_wce=0.45, 0.50, 0.55）とセメントの種類（CEM III/B 42.5 LH HS, CEM I 32.5 R, CEM I 42.5 R）が異なっている．塑性剤 Betmix 400 をいくつかのサンプルに添加した．固化の間に，圧縮強度を計測するため，立方体試験サンプルで加圧試験を行った．

20 MHz で ε' を求めるため，第 3 章で述べた誘電センサーを用いた．コンクリートの中に埋め込んだ，2 本のステンレススチールの電極（長さ 3 cm，径 1 cm，間隔 2 cm）を集積回路に接続している．その中には高周波アナログ式，デジタル式の電子機器が含まれている．センサーは既知の誘電体を用いて校正した．

(2.65) と (4.26) 式を考慮すると，圧縮強度 f_cs は経験式を用いて ε' から導かれる．

$$f_\mathrm{cs} = \kappa_1 \left(\frac{\varepsilon'_\mathrm{max}}{\varepsilon'(t)} - \kappa_2 \right) \tag{4.27}$$

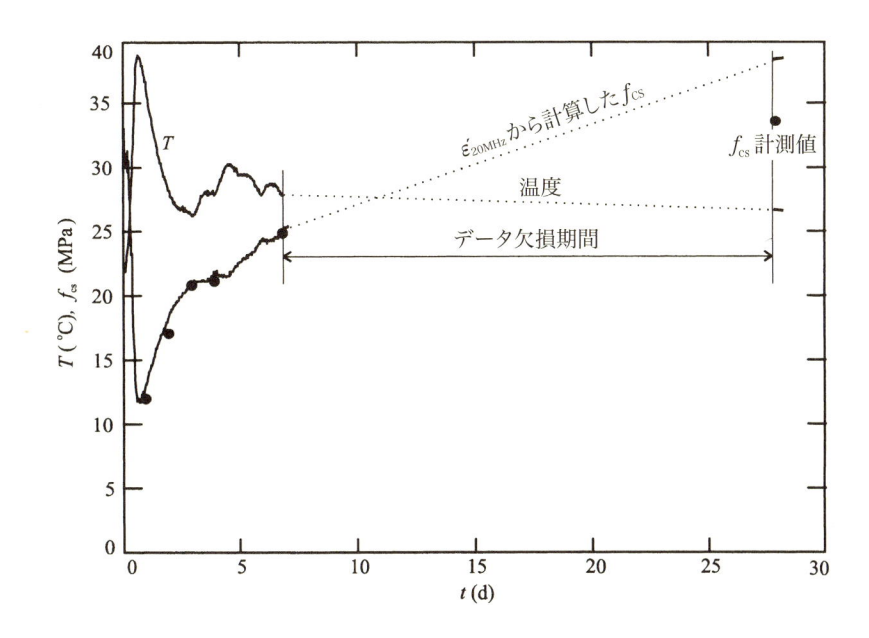

4.5 コンクリート硬化による土壌の誘電特性の変化

図 4.13 固化中のコンクリートに対する，時間の関数 t としての圧縮強度 f_{cs} の一例．点は標準法で計測した強度である．コンクリート温度 T が f_{cs} の計測値の展開にいかに反映しているか，そして f_{cs} が **(4.27)** 式によって $\varepsilon'_{20\,\mathrm{MHz}}$ から計算した強度にいかに追随しているかに注意しよう．このセメントは **CEM I 42.5 R** で，$\omega_{wce} = 0.5$ である．

ここで，ε'_{max} は経過時間 t の関数として展開した最大誘電率，κ_1 はスケーリング定数（MPa），κ_2 は無次元定数である．(4.27) 式は ε'_{max} が現れたときだけ有効である．$\kappa_1 = 53$ MPa, $\kappa_2 = 0.78$ の場合，最もよく適合した．

図 4.13 はコンクリートサンプルの一つに対する強度の計算値と計測値との適合例を示す．(4.27) 式の表示は，同じ電極で計測した値同士の比の関数であり，そのため成分，電極の大きさ，石の種類にはそれほど感知しない．この実験で用いた 9 つのサンプルの場合，(4.27) 式が普遍的に適用でき，それは他の種類のコンクリートにも適用できることを示唆している．ε' は，温度に対して-0.5 ％ $°\mathrm{C}^{-1}$ だけ，σ_b は 2 ％ $°\mathrm{C}^{-1}$ だけ修正した．この温度修正は水温に基づいた近似的推定値である．(4.27) 式によると，9 つすべてのコンクリート種に対して，ε'_{max} の場合 $f_{cs} = 11.7$ MPa であることに注意しよう．

9 つのサンプルに対する計算値と計測値との誤差を図 4.14 に示す．平均誤差は 0.5 MPa，標準誤差は 2.2 MPa であった．強度の計算値と計測値との最大誤差は 2.2 MPa であった．これは通常の方法の精度に近い．Van Beek [1996] によると，例えば圧縮試験機の精度は約 ±8% である．これは，試験サンプルの差によって起こる最大の広がりになる．

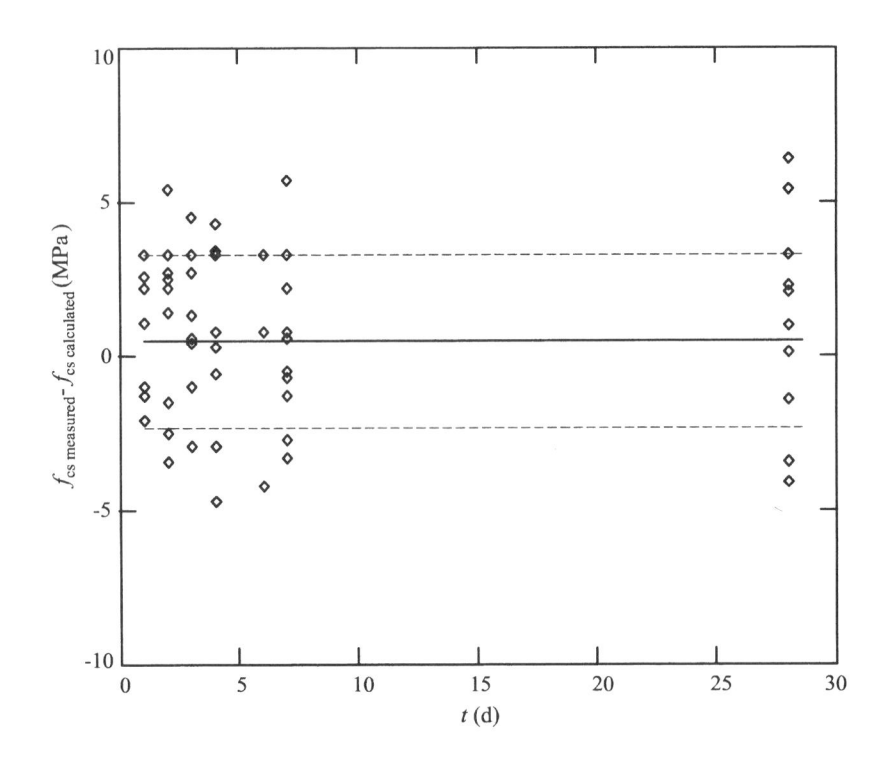

図 4.14 $\kappa_1 = 53$ **MPa**, $\kappa_2 = 0.78$ として **20 MHz** のときの ε' から **(4.27)** 式で計算した圧縮強度と計測した圧縮強度 f_{cs} との差 (◇).これらは,成分が異なる **9** つのコンクリートサンプルに対して,時間関数として表されている.実線は平均誤差,破線は標準偏差である.これらのコンクリートサンプルは水分比(**0.45, 0.50, 0.55**)とコンクリート種(**CEM III/B 42.5 LH HS, CEM I 32.5 R, CEM I 42.5 R**)で異なっている.いくつかのサンプルには塑性剤が添加されている.

コンクリートの水和過程で観測される誘電現象の概要

コンクリートの圧縮強度とマックスウェル・ワグナー効果との関係以外にも,他に数多くの現象が観測される.これらの現象は 9 つのすべてのサンプルで再現性があり,したがって水和中に起こる特徴的な現象と思われる.これらの現象を簡潔に報告する.主な目的は,コンクリートの誘電特性の変化とその微小構造特性及び成分特性の変化との間にある関係が存在することを示すことである.はっきりと可視化することはできないが,異なる土壌,結合水分量,イオン濃度に対して同じ効果が期待できる.

上に示した現象は,10 MHz,20 MHz,30 MHz で行った 4.3 節の実験で述べたように,誘電センサーを使用した計測から導かれた.9 つのコンクリート種の一例として,図 4.15 に示すプロットを見てみよう.その図には,用いた 3 つの周波数に対して,$\omega_{\text{wce}}=0.50$ の値をもつセメント種 CEM III/B 42.5 の誘電率の実部 ε' を時間の関数として示している.

4.5 コンクリート硬化による土壌の誘電特性の変化

2.4 節で述べた 3 つの周波数における $\varepsilon'_{10\,\mathrm{MHz}}$, $\varepsilon'_{20\,\mathrm{MHz}}$, $\varepsilon'_{30\,\mathrm{MHz}}$ を用いて，$f_{\mathrm{MW\,r}}$ を計算した．とくに，異なる周波数に対する読みの差が小さい場合，誘電率計測で1以下の誤差，例えば雑音でさえ，f_{MW} の計算に重大な誤差を招くことがある．

ε' は，温度に対しては $-0.5\ \%\ ^\circ\mathrm{C}^{-1}$ によって，σ_b に対しては $2.5\ \%\ ^\circ\mathrm{C}^{-1}$ によって修正した．コンクリートの温度 T は，誘電率を計測した場所に近い所にあるセンサーを用いて計測した．

初期では，実部 ε' はそれほど変化しない．対イオン分極は，マックスウェル・ワグナー効果を支配している．両者は小さいが，いくらかの増加が観測できる．それは 30 MHz の場合より，10 MHz の場合の方が顕著である．しかし，この段階では，異なる周波数における ε' の差は小さいので，$f_{\mathrm{MW\,r}}$ は計算できない．

最大温度 T_max のとき，マックスウェル・ワグナー緩和周波数は，$f_{\mathrm{MW\,r}}=12.4\,\mathrm{MHz}$ である．$f_{\mathrm{MW\,r}}$ は (2.32) 式によって計算でき，9 つのいずれのコンクリートサンプルに対しても，時間的にはほぼ変わらない．イオン伝導度は (2.27) 式における唯一の変数であるので，この式は後期ではイオン伝導度が一定で，そのため間隙水のイオン濃度が一定であることを示している．これは Slegers *et al.* [1977] と一致している．誘電率の最大値 ε_max はいつも T_max の後に現れる．周波数が高いほど，ε_max は T_max に近くなる．

バルクで計測したコンクリートの電気伝導度 σ_b はイオン濃度損失と誘電損失とを含んでいる．初期段階の開始時では，10 MHz，20 MHz，30 MHz で計測した σ_b には大きな差はなかった．この曲線は後期にわずかに広がるだけなので，以下では 20 MHz のときの σ_b だけを考える．σ_b はいくつかの特徴的変化を示した．σ_b は初期段階の初めに急激に増加する．これは，ε' に実質的変化が観測されないので，イオン濃度の増加による．初期段階の開始時には，固相の形成のため σ_b は低下してしまう．中期の初めには，σ_b の急激な減少が観測される．これもまた，イオン濃度の変化によってのみ説明できる．それが誘電現象であれば，この効果は著しい ε' の変化を伴う．σ_b の急激な低下が終わり，小さな増加が観測されるが，それは恐らくセメントペーストの温度の上昇によるものである．この効果は $f_{\mathrm{MW\,r}}$ が急落した点と近似的に一致する．いくつかのセメント種の場合，この挙動は他の種よりも顕著である．しかし，同じ水和過程期間中これらはすべて同じような挙動を示す．最後に，中期の終わりには，σ_b は通常の値に減少する．

結論

水和コンクリートの誘電挙動は，土壌の誘電挙動を表すのに使用できる．水和中，コンクリートは複素誘電率に対して，いくつかの特徴を示す．複素誘電率は，材料の微小構造的性質や成分的性質と関係している．このように，コンクリートは，構造 (texture)，イオン濃度，結合水の関数として，土壌の誘電挙動をシミュレートできる．

マックスウェル・ワグナー効果と，コンクリートあるいは一般的な多孔質の微小構造的性質との間に，直接的関係が得られた．

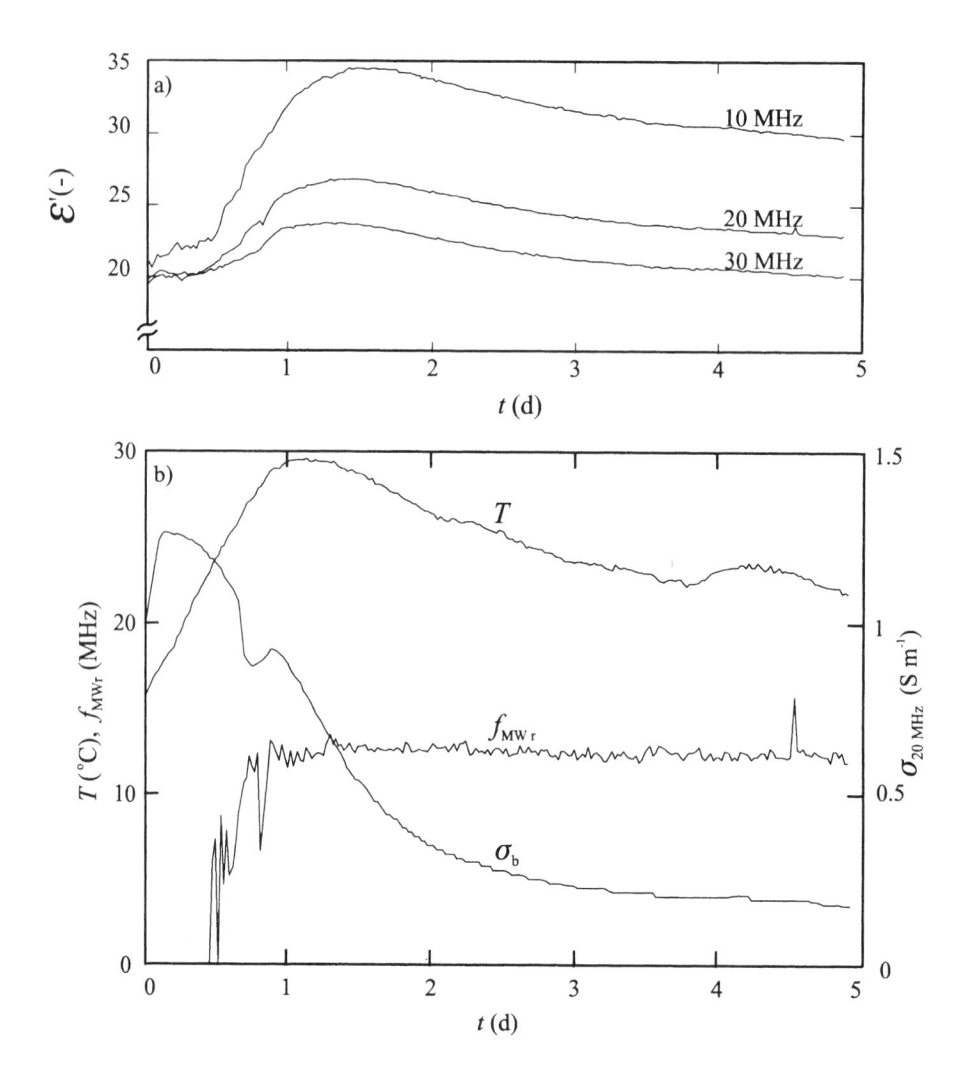

図 4.15 時間の関数として，ω_{wce}=**0.50** の値をもつ固化しているセメント種 **CEM III/B 42.5** で観測される誘電現象．**a)** 誘電率の実部：$\varepsilon'_{10\text{MHz}}$, $\varepsilon'_{20\text{MHz}}$, $\varepsilon'_{30\text{MHz}}$. **b)** 20 MHz のときの温度 T, バルクコンクリートの電気伝導度 σ_b, 及びマックスウェル・ワグナー緩和周波数 $f_{\text{MW r}}$.

およそ 30 時間後，ほとんどの水はある程度結合され，結果として緩和周波数は低くなった．水和において有効に働いた結合水かそうでないかを判断することはできない．周波数が 100MHz 以上になると，圧縮強度をモニターすることはできない．圧縮強度にマックスウェル・ワグナー効果が関与しているからである．

第 5 章

要旨と結論

概要

　第1章では，誘電計測法が主に土壌の水分量計測に利用できることを述べた．今日まで，誘電感知法の可能性は十分に開発されなかった．それは，ある程度誘電理論が複雑であり，不完全であることに起因している．誘電率の土壌への適用に関する一般的理論は一部第2章に集めている．さらに詳細な研究が必要な部分や，まだ開発されていない部分がある．第2章では，理論的モデルの結果を示し，土壌における誘電挙動を予測している．農業の実際場面において，利用に適した低コストの誘電センサーが得られるかどうかがもう一つの問題になっている．第3章では，物質生産における最低のコストを保証し，使用しやすい新しい誘電センサーについて述べている．開発した理論とセンサーが多くの応用に用いられる．本論文からの一般的な結論は，土壌水分計測のほかに，土壌溶液の電気伝導度計測，土壌水圧，土性の計測に対し誘電感知法の応用が可能になることである．

土壌の誘電特性に対する結合水の影響

　欠如している理論は，土壌マトリックスにおける水の電気特性に対する結合力の影響であった．土壌の誘電率に対する結合水の影響は詳細ではないが，すでに文献から得ることができる．水分子に作用している（結合）力と誘電緩和周波数との関係は水の誘電率に関する理論から分かっていた [Hasted, 1973；Grant, 1978]．このことから，土壌水のマトリック圧は誘電緩和周波数と関係づけられた．(2.15) 式で与えられるこの関係は文献で得られるデータを用いて妥当であることを認めた．

　土壌の水分保持特性とその誘電特性との関係は，土壌水分特性曲線において観測されるヒステリシスが誘電スペクトルにも適用できることを示している．それはまた，土壌水分特性曲線が不飽和土壌[*1]の誘電スペクトルの計測からも得られることを示唆している．

　活性エンタルピーはマトリック圧の関数として表され，その比較的急激な遷移は-100

[*1] 訳注）「飽和」になっているが，「不飽和」の間違いであろう．

MPa 付近で現れた．この圧は，平均的な室内条件下のマトリック圧である．それは，土粒子表面の水の単分子層が存在しているときのマトリック圧に相当する．このマトリック圧のときの水分量は通常使用される吸着水の概念に相当する．

コロイド及び気泡の周囲で起こりうる電気二重層

コロイド粒子の周囲の電気二重層は分極性を有する．この効果は，対イオン拡散分極あるいはコロイド分極と呼ばれることが多い．それは，土壌の誘電率，とくに粘土の誘電率に影響する．他の誘電現象からこの種の分極を区別することは困難である．2.2 節においては，土壌の場合，広い周波数域にわたってこの効果が除かれることを仮定した．単一の周波数においては，土壌の誘電率に対するコロイド分極の影響は無視できる．

土壌は固相，水，空気の混合物である．中位の水分と飽和との間で現れる土壌中の気泡は電気二重層を呈する．これらの気泡に対しても対イオン拡散分極を適用すべきであると仮定した．しかし，この問題に対しては全く文献が見出せなかった．コロイド化学から対イオン拡散分極のモデル化が非常に複雑であることが分かっている．そのような扱いは，本論文の範囲を超える．気泡が分極するとの仮説によって扱いが簡潔になるが，最後のモデルではその仮説は使っていない．

マックスウェル・ワグナー効果と土性

マックスウェル・ワグナー効果が"ある役割を演じている"ということ以外は，土壌の誘電特性に対するその影響についてはほとんど知られていなかった．この効果は，誘電材料の研究に関する他の分野において昔から知られていた．ある研究者は，この効果を分極現象として表した．筆者の考えでは，分極現象が誘電ネットワーク理論から生じる巨視的現象として取扱われるようになったのは，土壌に対するこの効果の解析が進んだためである．土性（texture）パラメータを導入することによって，マックスウェル・ワグナー効果は土壌の誘電特性に関係づけられるようになった．この土性パラメータを用いると，マックスウェル・ワグナー効果は，水の層の平均厚さと，マトリックスの空気及び鉱物粒子の厚さとの比に関係づけることができる．マックスウェル・ワグナー効果は正規化されたデバイ関数 (2.29) 式の形で表した．この特殊なデバイ関数は 3 つのパラメータから構成されている．つまり，

- 緩和周波数．これは電気伝導度と，土壌溶液の誘電率とにだけ関係づけられる．
- 緩和周波数に匹敵する高周波時の誘電率．これはマックスウェル・ワグナー効果がない物質の誘電率に等しい．
- 緩和周波数に匹敵する低周波時の誘電率の増加．これは，固相，土壌空気，土壌間隙率のみの関数である．

3 つの周波数時における誘電率の計測からこれらのパラメータを計算するために，(2.32),

第5章 要旨と結論

(2.33),(2.34) 式が用いられる．

脱分極係数に基づく新しい誘電混合式

　土壌バルクで計測された誘電率は，個々の土壌構成成分の誘電率から成り立っている．土壌の誘電率を予測するための誘電混合式に関する長い公表された式のリストは入手が可能である．しかし，著者の考えでは，これらの式はいずれも土壌に適切に適用できない．土壌構成物間の誘電率遷移境界における電場の屈折を説明するため，脱分極係数を含む，新しい混合式(2.42)を開発した．脱分極係数は，物理的土壌パラメータの関数である．他のほとんどの混合式には，物理的意味を持たない経験的係数が1つ以上含まれている．脱分極係数の概念は，例えば，De Loor[1956]によって表された粒子の"形状係数"の概念に相当する．新しい混合式の1つの特殊な場合は，脱分極係数が1に等しい（脱分極がない）場合である．その場合の式は，熱力学から導かれた流体の混合式に等しくなる．この式は，すでに1895年に発表され，忘れられてきたように思われる．流体の"屈折率モデル"の厳格な試験結果が1897年に発表されているが，恐らくこれも忘れ去られている．その当時，流体の種々の成分の誘電定数を導くには不適切であると考えられた．著者は，屈折率モデルは紛らわしいと結論づけた．土壌の微視的な誘電特性の解析に用いる場合，誤った結果を導きかねない．

　新しい混合式は静的な場合も成り立つ．しかし，土壌成分間の化学的な相互作用は電気誘電率と誘電スペクトルに影響する．この処理を明確にするため，著者はこのような化学的相互作用はないものと仮定した．

土壌の誘電挙動を周波数の関数として予測するモデル

　土壌の誘電挙動を周波数の関数として予測するモデル(2.61)式において，種々の誘電現象が生じた．土壌の入力パラメータは間隙率と土壌水分特性曲線（水分量対マトリック圧）である．簡略化した式(2.60)では，土壌水分量，間隙率，吸着水分量を用いる．第4章の多くの応用において，この式を用いた．De Loor[1956]の理論を用いると，土壌成分の形状，大きさ，密度から脱分極係数を計算することが可能であると推察した．しかし，本論文ではより多くの実験的手法を用いた．脱分極係数は，ガラスビーズの誘電挙動におけるいくつかの極端なケースから推測できる．土壌の場合，土粒子の形状や表面条件の違いにより異なっているにもかかわらず，これらの脱分極係数が土壌に適用されてきた．事実，普遍的な脱分極係数は存在しない．モデルとその簡略式の試験は，文献で得られるデータを用いて行った．得られた結果は期待値とよく一致した．最後に，マックスウェル・ワグナー効果を含むモデルを作成した．しかし，この試験は十分なデータが得られないため行わなかった．

土壌の誘電特性を得るための新しいセンサー

ある一般的なセンサーのモデルを紹介した．それは周波数領域（FD）と時間領域反射（TDR）の両者に対して妥当であり，整合性（conformity）を示す．実用特殊集積回路（ASIC）の導入によって，物質生産におけるセンサーの低コスト化が実現し，多くの新しい応用に道が開かれた．この ASIC の設計（3.2 節）は，同期検波の原理に基づいている．可能性のある誤差の発生源を調べた．特別に開発されたアルゴリズムは，必要とする高い位相精度で実行できそうに思えた．このアルゴリズムは，計測システムにおける主要な誤差源を特定し，修正する．回路は，4 入力ベクトル電圧計として作られ，特定の応用に限らず，一つ以上の固定した周波数で操作することができる．応用を変えれば，電極の形を変え，電極の長さを変える必要がある．これらの電極がどのような形であっても，電気長で補償すべきである（3.3 節）．電極の長さは電送線のようにモデル化される．これは，パソコンでできる複雑な数学的操作と関係しているが，簡単なマイクロ・コントローラで実行できるとは限らない．したがって，ほとんどの応用に対して十分な精度が得られる簡単な近似式を提案した．電気長の修正と ASIC を備えた新しい FD センサーを開発し，20 MHz の固定した周波数で操作した（3.4 節）．センサーの出力は，既知の誘電体を用いて校正したので，十分な精度を示した．このセンサーは，約 $0.2\ \mathrm{S\ m^{-1}}$ までの電気伝導度と，誘電体の誘電率の実部を計測できる．

誘電計測法の応用

第 4 章では，土壌を特徴づける誘電計測法の機能を示した．種々の土壌における計測問題に対して，新しい FD センサーと TDR を適用した．新しい FD センサー（20 MHz）による計測値と TDR（約 150 MHz）による計測値及び第 2 章の簡略モデル (2.60) 式を用いて予測した値との間で比較を行った．これらセンサーの出力は水分量，土性，抽出された土壌溶液の電気伝導度と相関が取られた．汚染された土層の検出が可能であることを実証した．最後に，土性の関数である誘電特性を，凝固化しているコンクリートを用いてシミュレートした．

電気伝導度に対する TDR の読みの感度

TDR の読みは，電気伝導度によって影響されることを示した．それに対しては，修正すべきである．反射時間と誘電率との間に存在する関係には，正弦波を適用してきた．その波は伝導度を無視している．しかし，この関係は時間領域のステップ関数を適用させるべきである．そのような式は得られていないので，適切な修正はまだできていない．本論文では，TDR 計測の修正は行わなかった．

誘電土壌水分計測値と予測値との比較

新しいモデルで予測したデータと TDR で計測したデータとを比較した結果，0.30 以下

第 5 章　要旨と結論

の水分量のときすべての土壌でよい相関が得られた．砂のように比表面積が低い土壌では，高水分量に対しても相関がよい．誘電土壌特性は周波数に依存するので，砂の場合最良の結果が得られた．FD と TDR とで計測した砂の場合の土壌水分校正曲線はほとんど等しかった（図 4.3）．モデルの予測性は高く，砂の誘電スペクトルは 20 MHz と 150 MHz との間で平坦であるという理論的予測が実証された．

　高水分量と高比表面積の場合，予測値とのずれは増加した．これはマックスウェル・ワグナー効果によるものであった．このずれは，2.3 節で述べた気泡の仮説をも支持するものである．平均的な土壌の場合，新しいモデルは Topp [1980] の校正曲線よりももっと正確なものであることが分かった．というのは，この新しいモデルは土壌の間隙率と結合水分量を考慮できるからである．しかし，ほとんどの応用において，間隙率と吸着水分量は大まかに計測されるだけで，マックスウェル・ワグナー効果と気泡の影響は分からないままである．絶対的に土壌水分量を計測するには，FD 法と TDR 法の校正は共に実施すべきであると結論した．普遍的な校正曲線は存在しない．FD センサーに対する校正曲線によって，TDR(150 MHz) の場合より，FD センサー (20 MHz) の場合の方が一般的に校正の必要性が高いことが示された．周波数が高い場合，校正の必要性は小さくなり，150 MHz 時の TDR の校正と同じようになる．しかし，相対的に読んだ値では，両者の方法の再現性は高かった．それらは，例えば灌漑制御における潅水点の設定を維持するために使用するのは有効である．そのような場合，校正は必要ない．

　ガラス球で得られる脱分極係数はある土壌においては高すぎるかもしれない．これは，土壌粒子の表面条件と形状に起因すると仮定した．最良の予測を得るためには，調べている土壌の脱分極係数を決定すべきである．

抽出土壌溶液の電気伝導度の現場計測

　Malicki et al. [1994] の研究に急かされて，抽出した土壌溶液の電気伝導度とバルク土壌の電気伝導度との間の関係を仮説的に提案した．この関係は，水の誘電率とバルク土壌の誘電率との間の関係に類似している (第 2 章)．種々の土壌で得られる，電気誘電率とバルク土壌の伝導度との間の線形関係はこの仮説を実証している．電気誘電率とバルク土壌の伝導度を同時に計測することによって，抽出された土壌溶液の電気伝導度を決定する方法を開発した．この方法はガラス球の場合正確であったし，試験される種々の土壌においてもそうであったと思われる．

マックスウェル・ワグナー効果と，電気伝導度及び土性との関係

　2.2 節では，誘電率の実部に対するマックスウェル・ワグナー効果の影響について注目した．そこでは，マックスウェル・ワグナー効果が電気伝導度に適用できるか，いかに適用するか，については考えなかった．4.2 節では，誘電率の場合の関係と同様に，土壌溶液の電気伝導度とバルク土壌のそれとの間にある関係が存在することを示した．4.3 節で

は，マックスウェル・ワグナー効果が電気伝導度にも同様に適用できることを示した．低周波数の伝導度計測ではマックスウェル・ワグナー効果によって影響されるが，高周波数の伝導度計測では結合水によって影響される．その状況は，誘電率計測の場合の状況と逆である．

2.2 節で述べた 3 つの周波数計測法を用いると，3 種の土壌に対してマックスウェル・ワグナー効果が特徴づけられる．20 MHz だけでなく，10 MHz, 30 MHz において，新しい FD センサーを用いた結果 (表 4.5) を表示した．マックスウェル・ワグナー緩和よりも高い周波数に対する伝導度を決定できた．伝導度の増分は，土壌の表面積の増加と共に増加した．3 つの周波数における伝導度から計算した低周波数時の伝導度値は，TDR による電気伝導度の値に等しかった．したがって，TDR 電気伝導度計測は低周波数時の計測である．

以上のことから，マックスウェル・ワグナー効果は，誘電率の代わりに電気伝導度を用いて，特徴づけることができるようになる．低周波数のとき，土壌の電気伝導度は誘電率よりももっと正確に計測できる．普通の土壌では，低周波数数のとき，コンダクタンスによる電流は静電容量による電流よりも高い（あるいは高くできる）．結局，位相の誤差の影響は誘電計測の場合より，伝導度計測の場合の方が小さい．伝導度計測によって，マックスウェル・ワグナー効果の特徴及び構造パラメータの特徴をもっと正確に把握することができる．

汚染土層の検出

電気誘電率とバルク土壌の電気伝導度の同時計測によって，汚染土層を検出することができる．土壌深さの関数としての電気誘電率の微分と電導度の微分との比に基づいて，汚染指数を提案した．誘電率と伝導度に，基準値からのずれが加わると，汚染指数が敏感に変化する．

種々の土壌の誘電特性をシミュレートするために用いた凝固中のコンクリート

コンクリートの構造特性と土壌のそれとの類似性を示した．水和中，コンクリートの構造特性は砂状や粘土状から岩状へと変化し続ける．このことから，異なる構造の土壌の誘電挙動をシミュレートできる．

マックスウェル・ワグナー効果と，コンクリートあるいは一般の土壌の微小構造特性との間には，ある関係が存在する．コンクリートの水和過程中に観測される誘電特性を調べた結果，コンクリートにおける誘電特性のいろいろな変化と，その微小構造あるいは成分特性との間の関係が明確に示された．高周波数時に水和するコンクリートの誘電特性の変化を用いて，結合水の影響を一部示すことができた．構造パラメータの概念を用いると，コンクリート強度の予測が可能であることを示した．およそ 20 MHz のとき，電気誘電

第 5 章　要旨と結論

率と圧縮強度との間に強い関係が存在するように思えた ((4.26), (4.27) 式)．しかし，100 MHz 辺りではコンクリートの誘電特性は何の変化も示さなかった．これは土壌にも適用でき，この点に関する一般的知識が確認された．

将来の研究の方向

[誘電センサー開発のための望ましい学際的アプローチ]

　誘電センサーの開発における誘電土壌特性の応用には，電気工学，熱力学，化学，土壌科学，園芸学など数多くの科学分野が関係している．開発すべき周波数バンドはおよそ 10 kHz から 10 GHz の範囲が関与している．そのような広い周波数範囲における誘電土壌特性を調べるには，特殊な装置と熟練した技師が必要である．土壌特性に対する誘電計測技法を適用しようとするとき，一般的な手法はない．したがって，適切な問題解決には学際間のシナジー (synergy) 効果が不可欠である．一例として，TDR は時間領域スペクトル表示 (time domain spectrometry, TDS) の特殊な場合と考えられる．水分計測に対する TDR の利用は，80 年代に広く普及したが，他の分野では TDS はすでに 1951 年に利用されている (1.2 節)．もう一つの例は，TDR による土壌の電気伝導度の計測である．この方法は単なる 2 つの抵抗体と電池の直列結合に他ならない (4.3 節)．電送線の専門家だとすぐにこのようになることが理解できる．そのために，TDR による土壌中の電気伝導度計測が簡略化されてきたのかもしれない．

[土壌水分特性曲線の現場誘電計測]

　土壌の水分特性曲線と土壌の誘電緩和周波数との間に関係が有りそうに思える (2.2 節)．これは不飽和土壌[*2]の誘電スペクトルから土壌水分特性が導かれることを示唆している．誘電スペクトルの決定はルーチン的に 15 分以下で行える．これは，たとえば数ヶ月を要する時間消費型の圧板法よりもはるかに短い．この方法を十分に正当化するには，ある実験が必要である．厳密な証明には，異なる水分特性曲線と電気伝導度をもつ多くの土壌に対しておよそ 1 GHz から 20 GHz の誘電スペクトルの計測が必要である．これらのスペクトルをルーチン的に計測するために，一つの実験的装置（setup）を開発しなければならない．ネットワーク・アナライザーのような，この種の装置が市販で得られる．問題は，そのためには熟練技師と費用が必要なことである．土壌水分特性曲線の決定のため，特別な装置が工夫されている．その装置は多くの予め決められた周波数で稼動する．そのため，その装置は費用面で効果的であり，操作面でより魅力的であると筆者は考える．

[*2] 訳注）原著では「飽和」となっているが誤りであろう．

[原位置土壌の土性の決定]

　第2章で導入した土性パラメータは土壌の誘電特性と関係づけた．このパラメータは，マトリックスの水の層の平均厚さ及び固体層・空気層の平均厚さにおけるマックスウェル・ワグナー効果を表すことができる．このパラメータは，誘電法による現場の土壌分類に利用できる．これに関しては，土性パラメータと比表面積，間隙率，水分量のような他の土壌物理特性との関係をさらに詳しく研究する必要がある．

[普遍的な校正曲線に向けて]

　普遍的な校正曲線に関する研究は，すべての誘電土壌水分センサーにおいて目指しているものであり，他の物質にも同様に適用できる．普遍的校正式を見出すため，本論文では，2つの点を推論した．

　第1に，マックスウェル・ワグナー効果は低周波域の誘電率に影響し，一方水の結合具合は高周波域の誘電率に影響する点である．マックスウェル・ワグナー効果は3つの周波数における電気誘電率と伝導度の計測から特徴づけられる（4.3節）．結合水は高周波の誘電率にほとんど影響せず，伝導度の値はマックスウェル・ワグナー効果から計算できる．したがって，水分量や間隙率から大きく影響を受ける誘電率や伝導度を推測すること，つまり真に普遍的な校正式を得ることが可能である．

　第2に，4.2節の(4.14)式で用いられているように，イオン電導度がゼロとなる誘電率は，空気や固相にだけ依存する部分や，マックスウェル・ワグナー効果によって説明される部分から構成されている点である．後者はいくつかの計測を行ったのち得られる．このことが分かると，計測した誘電率データはマックスウェル・ワグナー効果に関して修正される．この手順によって，すべての土壌に対して，(2.61)式に従う標準校正曲線が導かれる．

[100 MHzにおける新しいFDセンサー]

　新しいFDセンサーに対して提案された電気長の補正は，ある仮定の下でだけ妥当である（3.3節）．これらの仮定の一つは，周波数が高くなり過ぎないことである．30 MHzのとき，センサーの作動が信頼できることが証明された．しかし，予備実験では，この電気長の補正法が50 MHz以上の高い周波数では利用できないことを示した．これらの周波数では，他の方法，例えば波の立ち上がり，反射係数，相対的位相のシフトの計測を使用すべきである．そのような方法が開発されると，新しいFDセンサーの応用がかなり拡大するであろう．

[バルク土壌の電気誘電率の温度依存性]

　理論の部(第2章)でも，実験の部(第4章)でも，外気温度は20°Cと仮定した．最初の考えでは，電気誘電率の実部の温度依存性は主に水への依存性によるものと思われて

第 5 章 要旨と結論

いた．実験によると，土壌の種類によって正と負の温度係数が見出された．温室の気温は 10°C から 40°C を超える範囲にわたる．外気に曝された生育システムでは，表層土の温度変化はそれ以上に及ぶ．誘電計測の温度修正は行うべきである．現在，温度に対する修正法は明らかにされていない．本論文で開発されたモデルを温度依存性と関連づけて，実験データの結果と比較すると面白い．

引用文献

AL-QADI, I.L., O.A. HAZIM, W. SU & S.M. RIAD. 1995. Dielectric properties of portland cement concrete at low radio frequencies. J. of Mat. in Civil Eng.:192-198

BABB, A.T.S. 1951. A radio-frequency electronic moisture meter. Analyst, v. 76:428-433.

BALANIS, C.A. 1989. Advanced Engineering Electromagnetics. John Wiley & Sons, New York.

BEEK VAN, A., S.J LOKHORST, K. VAN BREUGEL. 1996. On site determination of degree of hydration and associated properties of hardening concrete. Proc. 3rd Conf. on Nondestructive Evaluation of Civil Structures and Materials, Atkinson-Noland & Associates, Boulder Colorado, Sept. 1996:44-51

BIRCHAK, J.R., C.Z.G. GARDNER, J.E. HIPP & J.M. VICTOR. 1974. High dielectric constant microwave probes for sensing soil moisture. Proc. IEEE, v. 62, No. 1:93-98

BIRD, G.J.A. 1980. Design of continuous and digital electronic systems. McGraw-Hill Book Company (UK) Limited.

BOER DE, J.H. 1953. The dynamical character of adsorption. Oxford at the Clarendon Press.

BOLT, G.H. & R.D. MILLER. 1958. Calculation of total and component potentials of water in soil. Trans. American Geophysical Union, v. 39:917-928

BORDEWIJK, P. 1973. Comparison between macroscopic and molecular relaxation behaviour for polar dielectrics. Advances in Molecular Relaxation Processes, v. 5:285-300

BÖTTCHER, C.J.F. & P. BORDEWIJK. 1978. Theory of electric polarisation. Elsevier, Amsterdam v. 2.

BÖTTCHER, C.J.F. 1952. Theory of electric polarisation. Elsevier, Amsterdam.

BREUGEL VAN, K. 1991. Simulation of hydration and formation of structure in hardening cement-based materials, Ph.D. Thesis, Delft University of Technology, Civil Eng., The Netherlands.

BREUGEL VAN, K., M.A. HILHORST, A. VAN BEEK, W. STENFERT KROESE. 1996. In situ measurements of dielectric properties of hardening concrete as a basis for strength development. Proc. 3rd Conf. on Nondestructive Evaluation of Civil Structures and Materials, Atkinson-Noland & Associates, Boulder Colorado, Sept. 1996:7-20

CAILON, C. *ET AL.* 1990. A high flexibility BICMOS library for mixed analog/digital applications. J. Semicustom ICs, v. 7, no. 3.

CAMPBELL, J.E. 1990. Dielectric properties and influence of conductivity in soils at one to fifty megahertz. Soil Sci. Soc. Am. J., v. 54:332-341

CARTER, D.L., M.M. MORTLAND & W.D. KEMPER. 1986. Methods of soil analysis: Specific surface. In A. Klute (ed.) part 1. 2nd ed. Agron. Monogr. 9, ASA and SSSA, Madison, WI.:415-423

CHEW, W.C. 1982. Dielectric enhancement and electrophoresis due to an electrochemical double layer: a uniform approximation. J. Chem. Phys., v. 77:4683

COLE, K.S. & R.H. COLE. 1941. Dispersion and absorption in dielectrics I: Alternating current characteristics. J. of Chem. Phys., v. 9:341-351

DAM VAN, D., G. HEIL, B. HEIJEN & R. BOBBINK. 1990. Atmospheric deposition and sulfur cycling in chalk grassland: a mechanistic model simulating field observations. Biogeochemistry, v. 9:19-38.

DAVIDSON, D.W. & R.H.COLE. 1951. J. of Chem. Phys., v. 19:1484-1493

DAVIS, J.L. 1975. Relative permittivity measurements of sand and clay soil in situ. In: Report of Activities, Part C, Geol. Surv. Can., Paper 75-1C:361-365.

DEBYE, P. 1929. Polar molecules. Reinhold, New York.

DELTA-T DEVICES LTD. 1996. Product data sheet of Theta-prope: ML/DS/2/96, Cambridge, England.

DIRKSEN, C. & M.A. HILHORST. 1994. Calibration of a new frequency domain sensor for soil water content and bulk electrical conductivity. In: Proc., Symposium on TDR in Environmental, Infrastructure and Mining Applications, held at Northwestern University, Evanston, Illinois. Special Publication SP 19-94, US Department of Interior Bureau of Mines, Sept. 1994:143-153

DIRKSEN, C. & S. MATULA. 1992. Automatic atomised water spray assembly for hydraulic conductivity measurements. In Agronomy abstracts, ASA, Madison, WI.:214

DIRKSEN, C., & S. DASBERG. 1993. Improved calibration of time domain reflectometry for soil water content measurements. Soil Sci. Soc. Am. J., v. 57:660-667

DOBSON, M.C., F.T. ULABY, M.T. HALLIKAINEN & M.A. EL-RAYES. 1985. Microwave dielectric behavior of wet soil-part II: Dielectric mixing models. IEEE Trans. on Geosci. and Remote Sensing, v. GE-23, No. 1:35-46

DUKHIN, S.S. & V.N. SHILOV. 1974. Dielectric phenomena and the double-layer in disperse systems and polyelectrolytes. Jhon Wiley & Sons, New York.

EISENBERG, D. & W. KAUZMANN. 1969. The structure and properties of water. Oxford at the Clarendon Press.

ENDRES, A.L. & R. KNIGHT. 1992. A theoretical treatment of the effect of microscopic fluid distribution on the dielectric properties of partially saturated rocks. Geophysical Prospecting, 40:307-324

FELLNER-FELDEGG, J. 1969. The measurement of dielectrics in the Time Domain. J. Phys. Chem., v. 73:616-623

FERGUSON, J.G. 1953. Classification of bridge methods of measuring impedances. Bell System Tech. J., v. 12:452-459

FINK, G.D. & D. CHRISTIANSEN. 1982. Electronics Engineers' Handbook. McGraw-Hill, New York, Section 28.

GILBERT, B. 1974. A new high-performance monolithic multiplier using active feedback. IEEE Journal of Solid Circuits, SC-9:364-373

GLASSTONE, S., K.J. LAIDLER & H. EYRING. 1941. Theory of rate processes. McGraw-Hill, New York.

GRANT, E.H., R.J. SHEPPARD & G.P. SOUTH. 1978. Dielectric behaviour of biological molecules in solution. Oxford University Press, Oxford.

HALBERTSMA, J.M., C. PRZYBYLA & A. JACOBS. 1987. Application and accuracy of a dielectric soil water content meter. Proc. Conference on Measurement of Soil and Plant Water Status, Logan, v. 1:11-15

HAN D.G. & G.M. CHOI. 1996. Numerical study of D.C. conductivity & A.C. impedance for the close-packed mixture of hard spheres. Mat. Res. Soc. Symp. Proc., v. 411:345-350

HANAI, T. 1968. Emulsion Science. Ed. by P. Sherman, Academic Press, New York, chap. 5

HARRISON, L.P. 1963. Fundamental concepts and definitions relating to humidity. In: Humidity and Moisture, ed. by A. Wexler, v. 3, Chapman & Hall, Ltd., London.

HASTED, J.B. 1973. Aqueous dielectrics, Chapman and Hall, London, 1973.

HEATHMAN, G.C. 1993. Soil moisture determination using a resonant frequency capacitance probe. International Summer Meeting of the ASAE/CSAE, Nr. 931053.

HEIMOVAARA, T.J. & W. BOUTEN. 1990. A computer-controlled 36-channel time-domain reflectometry system for monitoring soil water contents. Water Resour. Res. 26:2311-2316

Heimovaara, T.J., 1993. Time domain reflectometry in soil science: theoretical backgrounds, measurements and models. Ph.D Thesis University of Amsterdam.

HEIMOVAARA, T.J., A.G. FOCKE, W. BOUTEN & J.M. VERSTRATEN. 1995. Assessing temporal variation in soil water composition with time domain reflectometry. Soil Sci. Soc. Amer. J., v. 59:689-698

HILHORST M.A., J. BALENDONCK & F.W.H. KAMPERS. 1993. A broad-band-width mixed analog/digital integrated circuit for the measurement of complex impedances. IEEE J. of Solid-State Circuits, v. 28, No. 7:764-769

HILHORST, M.A. 1984. A sensor for the determination of the complex permittivity of materials as a measure for the moisture content. Sensors & Actuators, ed. by P. Bergveld, Kluwer Technical Books, Deventer:79-84

HILHORST, M.A., J. GROENWOLD & J.F. DE GROOT. 1992. Water content measurements in soil and rockwool substrates: dielectric sensors for automatic in situ measurements. Sensors in Horticulure, Acta Horti. Cult., v. 304:209-218.

HILHORST, M.A., K. VAN BREUGEL, D.J.M.H. PLUIMGRAAFF, W. STENFERT KROESE. 1996. Dielectric sensors used in environmental and construction engineering. Mat. Res. Soc. Symp. Proc., v. 411:401-406

HILHORST, M.A., K. VAN BREUGEL, W. STENFERT KROESE. 1996. Dielectric properties versus strength development for hardening concrete. Abstract:A3.P2 of the XXVth General Assembly of the int. union of radio science, Lille, France, Aug. 28 - Sept. 5, 1996:18

HOEKSTRA P. & W.T. DOYLE. 1971. Dielectric relaxation of surface adsorbed water. J. of colloid and interface science, v. 36, No. 4:513-521

HOEKSTRA P. & A. DELANEY. 1974. Dielectric properties of soils at uhf and microwave frequencies. J. of Geoph. Research, v. 79, No. 11:1699-1708

IMKO-MICROMODULETECHNIK GMBH. 1991. TRIME-System: Materialfeuchtemessung nach dem prinzip der time-domain-reflectometry (Material moisture measurement with principle of time-domain-reflectometry). Product data sheet, Germany.

ISO 190/SC 5, VERSION 26-2-1996. An update version of ISO/TC 190/SC 5 N77.

IWATA, S., T. TABUCHI & B.P. WARKENTIN. 1995. Soil-water interactions: mechanisms and applications. 2nd ed., Dekker, New York.

JENKINS, T.E., L. HODGETTS, R.N. CLARKE & A.W. PREECE. 1990. Dielecric measurements on reference liquids using automatic network analysers and calculable geometries. Meas. Sci. Technol. 1:691-702

KAATZE U. & V. UHLENDORF. 1981. The dielectric properties of water at microwave frequencies. Zeitschrift für Phys. Chem. Neue Folge, Bd. 126:151-165

KAATZE U. 1996. Microwave dielectric properties of water. In: Microwave Aquametry, ed. by A. Kraszewski. IEEE Press, New York:37-53

KNIGHT, J.H., I. WHITE & S.J. ZEGELIN. 1994. Sampling volume of TDR probes used for water content monitoring. In: Proc., Symposium on TDR in Environmental, Infrastructure and Mining Applications, held at Northwestern University, Evanston, Illinois. Special Publication SP 19-94 US Dep. of Interior Bur. of Mines, Sept. 1994:93-104

KOBAYASHI, S. 1996. Microwave attenuation in a wet layer of limestone. In: Microwave Aquametry, ed. by A. Kraszewski, IEEE press:123-140

KOOREVAAR, P., G. MENELIK & C. DIRKSEN. 1983. Elements of soil physics: developments in soil science 13. Elsevier Science.

LANDAU, L.D. & E.M. LIFSHITZ. 1960. Electrodynamics of continuous media. Pergamon Press, London:20-27

LAWTON, B.A. & R. PETHING. 1993. Determining the fat content of milk and cream using AC conductivity. Measurement Science & Technology, v. 4:38-41

LIDIARD, A.B. 1957. Ionic conductivity: Electrische leitungsphomene II, in Handbuch der Physik, v. 20.

LOOR DE, G.P. 1956. Dielectric behaviour of heterogeneous mixtures. Ph.D thesis, University of Leiden, The Netherlands. Also. Sci. Res., v. B11, 1964:310-320

LOOR DE, G.P. 1961. Appl. Sci. Res., B, v. 9:297

LOOR DE, G.P. 1964. Appl. Sci. Res., B, v. 11:310

LOOR DE, G.P. 1990. The dielectric properties of wet soils. The Netherlands Remote Sensing Board; bcrs report No. 90-13, TNO Physics and Electronics Laboratory (FEL-TNO).

LOOYENGA, H. 1965. Dielectric constant of heterogeneous mixtures. Physica 31:401-406

LORRAIN, P., D.P. CORSON & F. LORRAIN. 1988. Electromagnetic fields and waves. Third edition, Freeman and Company, New York.

MALICKI, M.A., R.T. WALCZAK, S. KOCH & H.FLÜHLER. 1994. Determining soil salinity from simultaneous readings of its electrical conductivity and permittivity using TDR. In: Proc., Symposium on TDR in Environmental, Infrastructure and Mining Applications, held at Northwestern University, Evanston, Illinois. Special Publication SP 19-94 US Dep. of Interior Bur. of Mines, Sept. 1994:328-336

MAXWELL, J.C. 1873. Treatise on electricity and magnetism. Oxford University Press, London.

MUALEM, Y. & S.P. FRIEDMAN. 1991. Theoretical prediction of electrical conductivity in saturated and unsaturated soil. Water Resources Research 27: 2771-2777

NYFORS, E. & P. VAINIKAINEN. 1989. Industrial microwave sensors. Artech House, Norwood-MA.

O'BRIEN. 1986. The high-frequency dielectric dispersion of a colloid. J. of Colloid and Interface Science, v. 113, No. 1:81-93

PHILIP, J.C. 1893. Das dielektrische verhalten flüssiger mischungen, besonders verdünnter lösungen. Zeitschrift fuer Physikalische Chemie, band 24, C:18-38

POLK, C & E. POSTOW. 1986. CRC handbook of biological effects of electromagnetic fields. CRC Press, Inc. Boca Raton, Florida.

PRIOU A. 1992. Editor of PIER 6: Progress In Electromagnetics Research. Elsevier Science Publishing Co., Inc., v. 6.

RAYTHATHA, R. & P.N. SEN. 1986. Dielectric properties of clay suspension in MHz to GHz range. J. of Colloid and Interface Science, v. 109, No. 2:301-309

REDMAN, J.D. & A.P. ANNAN. 1992. Dielectric permittivity monitoring in a sandy aquifer following the controlled release of DNAPL. Proceedings of fourth international conference on ground penetrating radar, Rovaniemi, Finland. Geological Surfey of Finland, June 8-13.

REINHARDT, H.W. 1985. Beton als constructiemateriaal: eigenschappen en duurzaamheid. Delftse Universitaire Pers.

REYNOLDS J.A. 1955. The dielectric constant of mixtures. Ph.D Thesis, Faculty of Science of the University of London.

ROLLAND, M.T. & R. BERNARD. 1951. C.R. Acad. Sci., Paris, 232: 1098

ROOS, J. & P. WOLLANTS. 1995. Thermodynamica en kinetica voor materiaalkundigen: Electrochemie en electrdekinetica. Acco Leuven / Amersfoort, v.3

SCHWAN, H. 1957. Electrical properties of tissue and cell suspensions. Adv. in Biol. and Med. Phys., Academic Press, New York, v. 5:147-209

SCHWARZ, G. 1962. A Theory of the low frequency dielectric dispersion of colloidal particles in electrolyte solution. J. Phys. Chem., 66:2636

SIHVOLA, A. & L.V. LINDELL. 1988. Polarizability and effective permittivity of layered and continuously inhomogeneous dielectric spheres. J. Electromagnetic Waves and Applcations, v. 2, No. 8: 741-756

SIHVOLA, A. 1996. dielectric mixture theories in permittivity prediction: effects of water on macroscopic parameters. In: Microwave Aquametry ed. by A. Kraszewski, IEEE Press Piscataway:111-120

SILBERSTEIN, L. 1895. Untersuchungen über die dielectricitätsconstanten von mischungen und lösungen. Annalen der Physik und Chemie, Leipzig:661-679

SLATYER, R.O. 1967. Plant-water relationships. Academic press, London.

SLEGERS, P.A., & P.G. ROUXHET. 1977. The hydration of tricalcium silicate: calcium concentration and portlandite formation. Cement and Concrete Research, Pergamon Press, v. 7, No. 1:31-38

SMITH-ROSE, R.L. 1933. The electrical properties of soil for alternating currents at radio frequencies. Proc. of the Royal Society of London, Series A 140:359-377

STEYAERT, M. *ET AL.* 1991. A 1 GHz single chip quadrature modulator without external trimming. in Proc. ESSCIRC Conf., Milan:261-264

TINGA, W.R., W.A.G. VOSS & D.F. BLOSSEY. 1973. Generalised approach to multiphase dielectric mixture theory. J. of Applied Physics, v. 44, No. 9:3897-3902

TOBIO, J.M. 1957. A study of the setting process: Dielectric behaviour of several spanish cements. Silicates Industrials, Comunication présentée aux Journées Internationales d'études, Liant hydrauliques 1957, de L'Association belge pour favoriser L'étude des Verres et Composés siliceux.:30-35 and 81-87.

TOPP, C.G., J.L. DAVIS & A.P. ANNAN. 1980. Electromagnetic determination of soil water content: measurements in coaxial transmission lines. Water Resources Research, v. 16, No. 3:574-582

TOPP, G.C., J.L. DAVIS & A.P. ANNAN. 1982. Electromagnetic determination of soil water content using TDR: II. Evaluation of installation and configuration of parallel transmission lines. Soil Science Society of Amarica Journal, v. 46:678-684

TOPP, G.C., M. YANUKA, W.D. ZEBCHUK & S. ZEGELIN. 1988. Determination of electrical conductivity using time-domain reflectometry:Soil and water experiments in coaxial lines. Water Resour. Res., v. 24:945-952

TOPP, G.C. 1996. Time-domain reflectometry techniques for soil water content measurements. Workshop on "Electromagnetic wave interaction with water and moist substances", MTTS International Microwave Symposium, June 17, San Francisco, Edited by A. Kraszewski. (In preparation).

TURSKI, R., & M. MALICKI. 1974. A precise laboratory meter of a dielectric constant of a different moisture. Polish J. of Soil Science, v. 7, No. 1:71-79

VITEL INC. 1995. Product information.

WADELL, B.C. 1991. Transmission Line Design Handbook. Artech House, Boston MA.

WAGDY, M.F. *ET AL.* 1986. A phase-measurement error compensation technique suitable for automation. IEEE Trans. Instrum. Meas., v. IM-35, no. 1:7-12

WAGNER, K.W. 1914. The after effect in dielectrics. Arch. Electrotech Berlin, 2 and 3.

WANG, J.R. & T.J. SCHMUGGE. 1980. An empirical model for the complex dielectric permittivity of soils as a function of water content. IEEE Trans. on Geosci. and Remote Sensing, v. GE-18, No. 4:288-295

WENSINK, W.A. 1993. Dielectric Properties of wet soils in the frequency range 1-3000 MHz. Geophysical Prospecting, v. 41:671-696

WHALLEY, W.R. 1993. Considerations on the use of time-domain reflectometry (TDR) for measuring soil water content. J. of Soil Science, v. 44, No.1:1-9.

WHITE, I, S.J. ZEGELIN & G. CLARKE TOPP. 1994. Effect of bulk electrical conductivity on TDR measurement of water content in porous media. In: Proc., Symposium on TDR in Environmental, Infrastructure and Mining Applications, held at Northwestern University, Evanston, Illinois. Special Publication SP 19-94 US Dep. of Interior Bur. of Mines, Sept. 1994:294-308

WHITE, I., J.H. KNIGHT, S.J. ZEGELIN & G.C. TOPP. 1994. Considerations on the use of time-domain reflectometry (TDR) for measuring soil water content-Comment. European Journal of Soil Science, v. 45, No. 4:503-508

WOBSCHALL, D. 1978. A frequency shift dielectric soil moisture sensor. IEEE Trans. on Geosci. Electron., v. GE-16, No. 2:112-118

WYSEURE, G.C.L., M.A. MOJID & M.A. MALIK. 1997. Measurement of volumetric water content by TDR in saline soils. European Journal of Soil Science, 48:347-354

主な記号のリスト

Symbol	Description	Dimension	SI-Units
A	Area of a capacitor plate	L^2	m^2
A	Parameter in Arrhenius function	-	-
B	Electrical susceptance: $B=\omega C$	$L^{-2}M^{-1}T^3I^2$	S
C	Electrical capacitance	$L^{-2}M^{-1}T^4I^2$	F
C'	Distributed capacitance of a transmission line	$L^{-3}M^{-1}T^4I^2$	$F\ m^{-1}$
E	Electric field strength	$LMT^{-3}I^{-1}$	$V\ m^{-1}$
EC	Specific electrical conductivity of water extracted from the soil matrix	$L^{-3}M^{-1}T^3I^2$	$S\ m^{-1}$
F	Attraction or repulsion force between two point charges	LMT^{-2}	$V\ C\ m^{-1}$
G'	Distributed electrical conductance of a transmission line	$L^{-3}M^{-1}T^3I^2$	$S\ m^{-1}$
G	Electrical conductance	$L^{-2}M^{-1}T^3I^2$	S
G	Gibbs' free energy (Section 2.2)	$L^2MT^{-2}N^{-1}$	$J\ mol^{-1}$
ΔG^*	Molar Gibbs' free energy of activation	$L^2MT^{-2}N^{-1}$	$J\ mol^{-1}$
H	Enthalpy	$L^2MT^{-2}N^{-1}$	$J\ mol^{-1}$
ΔH^*	Molar activation enthalpy	$L^2MT^{-2}N^{-1}$	$J\ mol^{-1}$
I	Electrical current (dc)	I	A
K	Texture parameter (function of ϕ, θ and A)	-	-
L	Electrical inductance	$L^2MT^{-2}I^{-2}$	H
L'	Distributed inductance of transmission line	$LMT^{-2}I^{-2}$	$H\ m^{-1}$
P	Electric polarisation	$L^{-2}TI$	$C\ m^{-2}$
P	Intermediate quantity: $P = pq$	$L^{-2}M^{-1}T^3I^4$	-
Q	Electrical charge	TI	C
R'	Distributed electrical resistance of a transmission line	$L^1MT^{-3}I^{-2}$	$\Omega\ m^{-1}$
R	Electrical resistance	$L^2MT^{-3}I^{-2}$	Ω
R	Universal gas constant ($R = 8.31\ J\ mol^{-1}\ K^{-1}$)	$L^2MT^{-2}N^{-1}\Theta^{-1}$	$J\ mol^{-1}\ K^{-1}$
R	Regression coefficient	-	-
S	Dielectric depolarisation factor	-	-
S	Entropy (Section 2.2)	$L^2MT^{-2}N^{-1}\Theta^{-1}$	$J\ mol^{-1}\ K^{-1}$
ΔS^*	Molar activation entropy	$L^2MT^{-2}N^{-1}\Theta^{-1}$	$J\ mol^{-1}\ K^{-1}$
S_A	Specific surface area	L^2M^{-1}	$m^2\ kg^{-1}$
T	Absolute temperature in degree Kelvin	Θ	K
U	Electrical voltage (dc)	$L^2MT^{-3}I^{-1}$	V
V	Partial molar volume of water ($V = 18\ 10^{-6}\ m^3\ mol^{-1}$)	L^3N^{-1}	$m^3\ mol^{-1}$
V	Volume of soil	L^3	m^3
Y	Complex admittance: $Y = 1/Z$	$L^{-2}M^{-1}T^3I^2$	S
Z	Complex impedance	$L^2MT^{-3}I^{-2}$	Ω
Z_o	Characteristic impedance of a transmission line	$L^2MT^{-3}I^{-2}$	Ω
a	Offset constant	$L^{-4}M^{-1}T^3I^2$	$S\ m^{-2}$
b	Offset constant	$L^{-4}M^{-1}T^4I^2$	$F\ m^{-2}$
d	Distance	L	m
e	Base of natural system of logarithm (e = 2.71828...)	-	-

Symbol	Description	Dimensions	Units
e/e_s	Relative humidity	-	-
f	Frequency	T^{-1}	Hz
f_{3dB}	Frequency for which gain reduced 0.5 times	T^{-1}	Hz
f_{cs}	Compressive strength of concrete	$L^{-1}MT^{-2}$	Pa
f_T	Transition frequency (for gain = 1)	T^{-1}	Hz
g	Transconductance gain	$L^{-2}M^{-1}T^3I^2$	S
g	Weighting function	-	-
$g(\theta)$	Function of water content	-	-
h	Planck's constant ($h = 66.3 \; 10^{-31}$ J s^{-1})	L^2MT^{-3}	J s^{-1}
i	Alternating current (ac)	I	A
j	Complex number ($j = \sqrt{-1}$)	-	-
k	Boltzmann's constant ($k = 13.8 \; 10^{-24}$ J K^{-1})	$L^2MT^{-2}\Theta^{-1}$	J K^{-1}
k_1	Scaling constant	$L^{-1}MT^{-2}$	MPa
k_2	Offset constant	-	-
l	Length of transmission line	L	m
m	Mass	M	kg
m_o	Oven-dried mass of soil	M	kg
n	Refractive index for EM-wave propagation	-	-
p	Intermediate quantity: $p = g_{z\,1}g_{z\,2}|u_{osc}|$	$L^{-2}M^{-1}T^3I^3$	-
p	Pollution indicator	T^{-1}	S F^{-1}
p	Pressure	$L^{-1}MT^{-2}$	Pa
q	Intermediate quantity: $q = g_{r\,1}g_{r\,2}|u_{osc}||Z_r|$	I	A
q	Alternating charge	TI	C
r	Radius	L	m
t	Time	T	s
u	Alternating voltage (ac)	$L^2MT^{-3}I^{-1}$	V
u	Surface mobility of counterions	$M^{-1}T^2I$	m^2 V^{-1} s^{-1}
v	Volume fraction of a soil-concrete constituent (m^3 m^{-3})	-	-
w	Wetness by mass ratio (kg kg^{-1})	-	-
z	Depth	L	m
$\Delta\varepsilon$	Dielectric increment (Debye function)	-	-
$\Delta\sigma$	Conductivity decrement (Maxwell Wagner effect)	$L^{-3}M^{-1}T^3I^2$	S m^{-1}
α	Angle of complex impedance	-	rad
α	Empirical constant in Birchak's model	-	-
α_h	degree of hydration for concrete	-	-
β	Phase shifter angle (0° or 90°)	-	rad
δ	Thickness of a monomolecular water layer ($\delta = 3 \; 10^{-10}$ m)	L	m
δ_0	Surface charge density	$L^{-2}TI$	C m^{-2}
ε	Complex relative permittivity, in this thesis further referred to as permittivity	-	-
ε''_d	Dielectric loss (part of ε'')	-	-
$\varepsilon_{f\to\infty}$	Permittivity at frequencies high compared to f_r (Debye)	-	-
$\varepsilon_{f\to 0}$	Permittivity at frequencies high compared to f_r (Debye)	-	-
ε_0	Permittivity for free space ($\varepsilon_0 = 8.854 \; 10^{-12}$ F m^{-1})	$L^{-2}T^4I^2$	F m^{-1}
ε_r	Complex relative permittivity (Section 2.1)	-	-
ε'	Real part of permittivity	-	-
ε''	Imaginairy part of permittivity	-	-

主な記号のリスト 129

ε''_w	Imaginairy part of permittivity for water	-	-
ϕ	Phase error	-	rad
ϕ	Volume fraction of pores in soil (m^3 m^{-3})	-	-
γ	Propagation constant of a transmission line	-	-
κ	Geometry factor of a capacitor or conductor (A/d)	L	m
μ	Relative permeability (for air $\mu = 1$)	-	-
μ	Chemical potential	L^{2}MT^{-2}N^{-1}	J mol^{-1}
μ_o	Permeability of free space ($\mu_o = 4\pi\,10^{-7}$ H m^{-1})	L^{2}MT^{-2}I^{-2}	H m^{-1}
π	Constant 3.14159	-	-
θ	Volume fraction of water in soil (m^3 m^{-3})	-	-
ρ	Density	L^{-3}M	kg m^{-3}
σ	Specific ionic conductivity of extracted soil water	L^{-3}M^{-1}T^{3}I^2	S m^{-1}
σ_b	Specific electrical conductivity of bulk material	L^{-3}M^{-1}T^{3}I^2	S m^{-1}
σ_{ref}	Specific ionic conductivity of a reference liquid	L^{-3}M^{-1}T^{3}I^2	S m^{-1}
σ_w	Specific electrical conductivity of extracted soil water	L^{-3}M^{-1}T^{3}I^2	S m^{-1}
τ	Rise time of electric step to reach 2/3 of its amplitude	T	s
ω	Radian frequency	T^{-1}	rad s^{-1}
ω_{wce}	Water cement ratio by weight (kg kg^{-1})	-	-
ψ	Potential of soil water	L^{2}T^{-2}	J kg^{-1}

Modifiers to symbols	**Denotes**	**Example**
a	Air	ε_a
b	For bulk quantities	σ_b
c	Counterion polarisation	$\varepsilon_{c\,f\to 0}$
C	Refers to a capacitor	i_C
ce	Cement	v_{ce}
cs	Compressive strength	σ_{cs}
d	Dielectric	ε''_d
$f\to\infty$	At frequencies high compared to f_r	$\varepsilon_{w\,f\to\infty}$
$f\to 0$	At frequencies low compared to f_r	$\varepsilon_{w\,f\to 0}$
G	Refers to a conductor	i_G
h	Hygroscopic	θ_h
i	Variable real number (1,2,3 ... k or 1,2,3 ... n)	v_i
ice	Ice	$\varepsilon_{ice\,f\to 0}$
k	Number in a data set	$p_{m\,k}$
m	Matric	p_m
m	Value measured at the output of the ASIC	I_m
max	Maximum	C_{max}
MW	Maxwell-Wagner effect	$\varepsilon_{MW\,f\to\infty}$
n	Number of constituents	v_n
offset	Refers to a dc offset current or voltage	$I_{m\,offset}$
osc	Oscillator	u_{osc}
p	Due to polarisation phenomena	ε_p
p	Refers to paracitics	C_p
r	Refers to a reference	i_r
r	Relaxation	$f_{ice\,r}$
s	Refers to components in series	L_s

s	Solids	ε_s
t	As a function of time	$v_{ce\,t}$
t	Total	ψ_t
t=0	At time zero	$v_{ce\,t=0}$
w	Refers to wiring parasitics	L_w
w	Water	ε_w
wce	Water cement	ω_{wce}
x	Unknown quantity	G_x
z	Refers to the impedance input channel	Z_z
0	At reference condition of 0.1 MPa and 20 °C	p_0
0°	Refers to 0° phase shift	$Z_{\tau\,0°}$
90°	Refers to 90° phase shift	$Z_{\tau\,90°}$
180°	Refers to 180° phase shift	$I_{m\,180°}$
270°	Refers to 270° phase shift	$I_{m\,270°}'$
Δ	Small change of or difference between	ΔC
$-$	Vector quantity	$\underline{E}$
$-$	Average	$\overline{d}$
'	Distributed parameter of transmission line	C'
'	Real part of complex quantity	ε'
"	Imaginary part of complex quantity	I''
| |	Amplitude of rotational vector	$|u_{osc}|$
//	Parallel model for MW	$\varepsilon_{MW//\,f\to 0}$
¦	Series model for MW	$\varepsilon_{MW¦\,f\to\infty}$

Abbreviations

ac	Alternating current
dc	Direct current
ASIC	Application specific integrated circuit
CH	Calcium hydroxides
CHS	Calsium silicate hydrates
EM	Electromagnetic
EMI	Electromagnetic interference
FD	Frequency domain
IC	Integrated circuit
RF	Radio frequency
RS	Remote Sensing
S	Electronic switch
SPICE	Electrical circuit simulation and analysis software, University of Berkeley, California
TDR	Time domain reflectometry

訳者あとがき

　今日，時間領域反射法，いわゆる TDR (time domain reflectometry)，は土壌水分計測における標準的な計測法としていろいろな分野で定着している．1980 年，TDR の有用性を Topp が発表して以来，その利用が徐々に拡がってきた．当時，その手法は凍土中の水分計測に盛んに応用され，重宝がられた．さらに，TDR は Dalton によって土壌水分計測だけでなく土壌中のバルクの電気伝導度計測にも有用であることが示され，益々注目されるようになった．欧米では 1990 年頃 TDR はすでに一般の研究者の間でかなり普及していたが，我が国ではその普及は後れを取り 1990 年後半になってやっと始まり，その後一気に拡大していった．

　TDR の使用に当たっては，TDR の原理である誘電特性についての知識が必要である．従来から，電磁波の誘電特性に関する研究はいろいろな物質を対象に古典的な手法で数多く行われてきたが，土壌を対象にしたものはほとんど見当たらない．そんな中で，Hilhorst 著『土壌の誘電特性』はこれらの要求をかなえてくれるものとして出現した．

　原書の入手は，私にとって運命的であった．1990 年前半，私は根の伸長モデルの開発に取り組んでいた．あるとき，フラクタル解析の中に「誘電破壊モデル」というのがあり，これが根の伸長に利用できないか調べた．その結果，モデルが有効であることが分かり，成果をモロッコで開かれるワークショップで発表することにした．その会議の招集者が根の吸水モデルで有名なオランダのワーゲニンゲン大学の Feddes 教授であったからである．私の発表が教授の目にとまり，雑誌への掲載論文として選ばれたのは幸運であった．そういうことがあって，数年後，オランダに行く機会を得たとき，教授を訪問した．再会時に渡されたのが原書である．私の根の論文のタイトルに「誘電破壊モデル」という言葉が用いられていたことから，『土壌の誘電特性』にも関心を持っていることだろうと教授が思われたからである．これら 2 つの「誘電」という用語は多少関係はあるものの，研究対象として具体的に指しているものはほとんど別物である．幸い，私は当時すでに TDR の研究に着手していたので，原書に興味を抱き，すぐに翻訳にとりかかった．

　原書は学位論文であり，Feddes 教授の下で仕上げたものである．論文の主旨は，第 3 章の Hilhorst が開発した新しいセンサーに置かれている．この章の内容はすばらしいものであろうが，正直言って私には難解すぎる．集積回路があまりに複雑で，電気工学的に専門過ぎるからである．しかしながら，第 1 章に書かれている，誘電法による土壌特性の計測の歴史や，第 2 章に書かれている誘電法の基礎的な理論は読者には有益である．また，第

4章の応用に関しても理解しやすく，誘電法の応用展開にも大いに貢献するものと評価できる．

　ToppがTDR論文を発表して以来30年になろうとしているが，誘電法に関する研究は現在なお進化し続けている．本訳書が，誘電法の理解を高めようとしている土壌物理学，土壌水文学，地下水学，地下環境学等の研究者に少しでも役立ってくれることを願っている．

2009年6月

筑紫　二郎

索 引

absolute permittivity, 8
adhesive force, 11
admittance, 47
application-specific integrated circuit, 46
Arrhenius 関数, 90
ASIC, 6, 46, 49, 51, 56–59, 61–65, 71, 72, 99, 114

bound charge, 30
breadboard test, 62

cohesive force, 12
complex impedance, 47
complex relative permittivity, 9
Coulomb の法則, 8
counterion diffusion polarization, 19
counterion surface charge density, 19
coupling capacitor, 64

demineralized water, 93
dielectric absorption, 86
dielectric constant, 9
dielectric depolarization factor, 32
dielectric relaxation, 7
differential water capacity, 36
distortion polarization, 8

electrical susceptibility, 30
electromagnetic interference, 46
electromagnetic radiation, 55
EMI, 46, 49, 63, 70, 71
ettringite, 101

FD, 3–5, 37, 46, 75–78, 85, 97, 114, 115
　　—センサー, 3, 4, 6, 46, 70, 75, 76, 81, 82, 84–86, 91, 94, 96, 98, 99, 114, 115, 118
　　—データ, 82
frequency domain, 3, 46

interfacial polarization, 22

Kinetic 速度理論, 14

mean electric field strength, 30
mean polarization, 30
monolithic integrated circuit, 49
multiplier function, 54

new mixture equation, 32

osmotic force, 12

parasitics, 54
permittivity, 9
pore volume, 93
power supply rejection ratio, 60

quadrature component, 54

radian frequency, 47
radio frequency, 46
reference current, 55
refractive index mixing model, 33
roll-off, 58

soil water retention characteristic, 36
specific ion conductivity, 19
standard cell process, 62
surface mobility of counterion, 20
susceptance, 47
synchronous detection, 51

TDR, 3, 5, 6, 15, 34, 37, 39, 41, 45, 46, 67, 70, 75, 76, 78, 79, 81–86, 92, 96–98, 114–116
　　—センサー, 76, 82
TDS, 3
texture parameter, 24
time domain reflectometry, 3
time domain spectroscopy, 3
Topp の校正式, 3, 39–42, 44, 115
transconductance amplifer, 53
transition frequency, 58

wiring capacitor, 64

圧縮強度, 101, 105–108, 110
アドミタンス, 47–51
　　複素—, 52

インダクタンス, 63, 67
インピーダンス
　　—計測, 61
　　—計測システム, 50, 51, 53, 54
　　—セレクター, 51
　　入力—, 62, 63
　　入力—回路, 50, 65
　　入力—セル, 65
　　入力—チャンネル, 56, 57, 61
　　複素—, 45, 47–51, 53, 64, 72

—ブリッジ, 46

永久双極子, 2, 7, 8
エトリング石の針, 101
エンタルピー, 14–16, 18, 111
エントロピー, 14

汚染指数, 99, 100, 116
オフセット電流, 55, 56
温度係数, 71, 119

界面分極, 22
化学ポテンシャル, 12, 15
角振動数, 47
間隙体積, 93
緩和周波数, 11, 12, 14–16, 18, 20, 24, 27, 28, 36, 41, 86, 97, 104, 109, 111, 112

基準電流, 51, 54, 55
寄生電流, 54–58, 63, 64
機能試験, 62
ギブスの自由エネルギー, 12, 14, 36
気泡の分極, 20
吸引力, 11
共振周波数法, 5

空気ポテンシャル, 12
屈折率モデル, 33–35, 113

形状係数, 38, 48, 53, 67, 113
結合水, 11, 12, 17, 18, 25, 27, 28, 34, 38, 41, 75, 82, 85, 104, 106, 108, 109, 111, 115, 116, 118
減結合, 63

高周波, 46
構造係数, 24
拘束電荷, 30
高調波, 59, 60
コロイド, 19, 20, 101, 104, 112
混合式, 28, 29, 32, 33, 35, 113
コンダクタンス, 47, 66, 87, 88, 96, 116
コンデンサ, 2, 22–24, 26, 28, 32, 33, 47–52, 55, 56, 66, 67, 69, 71, 78, 87, 89, 96, 105
　　　基準—, 56, 57, 64
　　　寄生—, 58, 59, 61
　　　結合—, 64, 66, 69
　　　損失—, 45
　　　配線—, 64, 66

サセプタンス, 47, 48, 50, 87

時間領域
　　　—反射法, 3
　　　—分光学, 3
実用特殊集積回路, 6, 46, 49, 114
周波数応答, 3
周波数領域, 3, 4, 22, 35, 44, 46, 66, 67, 75, 76, 114
重力ポテンシャル, 12
乗算関数, 54

浸透ポテンシャル, 12
浸透力, 12

水酸化カルシウム, 101
水和珪酸カルシウム, 101

静電容量, 23, 24, 26, 42, 50, 54, 57, 58, 61, 63, 66, 67, 69, 70, 73, 116
ゼロポテンシャル, 70
全水ポテンシャル, 12

双極子
　　　—分極, 8, 9
走査パス法, 62
増幅器
　　　変換伝導—, 53–55, 60

脱塩水, 93
脱分極係数, 32, 33, 35, 37, 38, 42, 80, 81, 83, 85, 104, 113, 115

直交成分, 54

対イオン
　　　—拡散分極, 19, 20, 112
　　　—表面可動性, 20
　　　—表面電荷密度, 19
　　　—分極, 19–21, 35, 109

デバイ
　　　—関数, 12, 25, 28, 97, 112
　　　—の緩和関数, 10, 15, 36, 106
　　　—の緩和式, 24, 25
　　　—のパラメータ, 11, 27
電界強度, 30
電気磁化率, 30
電気長, 5, 68, 72, 73, 114, 118
電気二重層, 12, 13, 19, 20, 22, 71, 112
電気ポテンシャル, 8, 47
電源電圧変動除去比, 60, 62
電磁妨害, 5, 46, 49
電磁放射, 55
伝達定数, 55

同期検波, 51, 53, 54, 60
　　　—器, 60, 61, 63, 65, 114
透磁率, 83
土壌水分特性, 36
トランジション周波数, 58

二重間隙, 83

ネットワーク・アナライザー, 4
粘着力, 12

バーチャック
　　　—モデル, 33–35
ハウスキーピング, 61

比イオン伝導度, 9

索引

比電気伝導度
    土壌溶液の—, 86, 111, 114, 115
    バルクコンクリートの—, 105, 109, 110
    バルク土壌の—, 9, 49, 69, 71, 75, 79, 86, 90, 93, 94, 96–98, 115
    バルクの—, 87
    水の—, 9, 86, 99
微分水分容量, 36
標準セルプロセス, 62, 64

フーリエ変換, 3
複素誘電率, 10, 48, 75, 84, 85, 109
ブラウン運動, 8
プランクの定数, 14
分周器, 61

平均分極, 30, 31

ボルツマンの定数, 14

マックスウェル・ワグナー
    —緩和, 24, 26, 27, 83, 116
    —緩和周波数, 97, 109
    —効果, 5, 6, 21, 22, 24, 25, 27, 28, 35, 37, 41, 42, 75, 79, 81, 83, 85, 86, 88, 89, 91, 96–98, 100, 104–106, 108–110, 112, 113, 115, 118
    —分散, 22, 23
マトリック圧, 2, 11, 13, 14, 16–18, 36, 41, 44, 75, 111, 113
マトリックポテンシャル, 12, 45

ミラー・フィードバック, 60, 61

モノリシック集積回路 (IC), 49, 54

誘電
    —緩和, 7, 13, 14, 17, 21, 36, 111, 117
    —吸収, 2, 10, 86
    —定数, 1, 2, 9, 88, 113
    —スペクトル, 1, 15, 18, 22, 26–28, 37, 40, 41, 82, 102, 104, 111, 113, 115, 117
    —センサー, 2, 4, 5, 46, 47, 49, 63, 64, 70–73, 87, 106, 111, 117
    —損失, 9, 24, 45, 76, 109
    —分極, 2, 7, 8, 11
誘電定数, 1
誘電率, 2, 4, 5, 10–12, 14–21, 23–30, 32–36, 38, 42, 43, 45, 46, 48, 53, 56, 64, 66, 67, 69, 71, 73, 78, 79, 81, 83, 85, 86, 90, 92, 96, 99, 100, 103, 104, 106, 108, 109, 111, 113–116, 118

リミッタ, 60

ロールオフ, 58, 60

著者の略歴

　著者マックス A. ヒルホースト（Max A. Hilhorst）は 1947 年 11 月 27 日，オランダのユトレヒトで生まれた．1978 年に，オランダ，アーンヘムのポリテクニカル研究所で電気技師の資格を取得した．

　1972 年から 1983 年まで，ユトレヒトにあるオランダ宇宙研究機構（SRON）で，ノイズが極めて低いアナログ機器の研究開発に従事した．この仕事の中で，国際太陽地球開発 C 委員会のプロトン実験計画，および太陽極地派遣委員会の太陽フレア軟 X 線探知器計画に参画した．その後，オランダのワーゲニンゲンにあるオランダ農業研究所農業研究部（TFDL-DLO）の物理技術研究課に所属した．この部所は，オランダ農業自然管理省に属している．そこにおいて，農業研究用の装置の開発研究に従事した．また，動物追跡用の迅速画像処理や乳牛の搾乳機の超音波位置センサーの立案にも参画した．

　1977 年から 1994 年の間，物質の誘電特性計測用の複合した高周波アナログ/デジタル集積回路の開発に従事した．この回路は水分量センサーおよび水分張力センサーに適用した．

　1994 年，国際技術士協会のヨーロッパ連盟（FEANI）からヨーロッパ専門技術士（EUR ING）の認定を受けた．1994 年の DLO の再編によって，現在オランダ，ワーゲニンゲンの農業環境工学研究所の（IMAG-DLO）に所属している．そこでは，特定の農業研究課題に対する誘電センサー機器やインピーダンス分光法の応用に関する研究プロジェクト任務を遂行している．本研究の一部は 1998 年発行の学位論文『土壌の誘電特性』に述べている．これまで 23 編の論文・報告を筆頭著者として，10 編の論文を共著者として発表している．また，これまで 8 件の認定済みあるいは申請中の特許がある．

訳者紹介

筑紫二郎（ちくし じろう）

1976年　九州大学大学院農学研究科博士課程修了
現在　　九州大学生物環境調節センター　教授
著書　　『土壌中の溶質移動の基礎』（翻訳），九州大学出版会，2005年10月
　　　　『新農業環境工学』（分担），養賢堂，2004年3月
　　　　『気象利用学』（分担），森北出版，1998年11月
　　　　『新版生物環境調節ハンドブック』（分担），養賢堂，1995年4月

土壌の誘電特性 ── 計測原理と応用 ──

2010年4月25日　初版発行

著　者　マックス・A. ヒルホースト
監　修　九州大学生物環境調節センター
訳　者　筑　紫　二　郎
発行者　五十川　直　行
発行所　㈶九州大学出版会
　　　　〒812-0053　福岡市東区箱崎 7-1-146
　　　　　　　　　　九州大学構内
　　　　電話　092-641-0515（直通）
　　　　振替　01710-6-3677
　　　　印刷／大道印刷㈱　製本／篠原製本㈱

©2010 Printed in Japan　　ISBN978-4-7985-0017-1